传承红色基因
厚植家国情怀

河北省红色家风故事
征集宣传展示活动优秀作品选

河北省文明办 / 组织编写

河北出版传媒集团　河北教育出版社

图书在版编目（CIP）数据

传承红色基因　厚植家国情怀：河北省红色家风故事征集宣传展示活动优秀作品选 / 河北省文明办组织编写． -- 石家庄：河北教育出版社，2022.4（2025.1重印）
　ISBN 978-7-5545-6969-6

　Ⅰ．①传… Ⅱ．①河… Ⅲ．①家庭道德－河北－通俗读物 Ⅳ．①B823.1-49

中国版本图书馆CIP数据核字(2022)第046232号

传承红色基因　厚植家国情怀
CHUANCHENG HONGSE JIYIN HOUZHI JIAGUO QINGHUAI
——河北省红色家风故事征集宣传展示活动优秀作品选

河北省文明办　组织编写

责任编辑　汪雅瑛　陈　娟
装帧设计　李关栋

出版发行	河北出版传媒集团	
	河北教育出版社　http://www.hbep.com	
	（石家庄市联盟路705号，050061）	
印　　制	廊坊市佳艺印务有限公司	
版　　次	2022年4月第1版	
印　　次	2025年1月第2次印刷	
开　　本	787mm×1092mm　1/16	
字　　数	200千字	
印　　张	15	
书　　号	ISBN 978-7-5545-6969-6	
定　　价	88.00元	

版权所有　翻印必究

编委会

主　　任：吕新斌

副 主 任：李秀存

执行主编：董青显

委　　员：（按姓氏笔画排序）

王　越　王志超　刘成群　刘治国

李　晋　周宏彩　赵文平　郝永利

郭晓伟　董青显　蔡杭州　薛惠娟

前言

家是最小国，国是千万家。党的十八大以来，以习近平同志为核心的党中央高度重视家庭建设工作，习近平总书记在多次重要会议、多个重要场合，对加强家庭家教家风建设作出一系列重要指示，提出明确要求。河北省深入学习贯彻习近平总书记关于注重家庭家教家风建设的重要论述，推动文明家庭创建活动广泛深入开展。

2021年5月，结合庆祝建党100周年，河北省文明办联合省委省直工委、省教育厅、省退役军人事务厅、省总工会、团省委、省妇联、省关工委等七部门，共同开展了"红色家风故事征集宣传展示活动"。经过各主办单位的广泛宣传发动，广大干部群众热情参与，共征集到作品10000余篇。经各地各部门严格把关，向省活动组委会推荐作品1100多篇，本书收录的100篇作品就是其中的优秀代表。

这100篇作品中的主人公，既有为国奉献的老干部、老党员、老模范、老战士，也有奋战在基层一线的工人、农民、教师和党员干部，还有在校的青年学生，几乎涵盖了社会的各行各业和各个领域。他们以自家的家庭故事为载体，从信仰坚定、忠诚担当、艰苦奋斗、甘于奉献、廉洁自律等不同层面阐释红色家风，生动展现了燕赵儿女"传承红色基因 厚植家国情怀"的高尚追求，身体力行践行社会主义核心价值观的示范行动。

  我们衷心希望本书能以家风的"小窗口"展现家庭文明建设的"大图景"，以家庭的"小故事"反映中国共产党团结带领广大人民为实现中华民族伟大复兴的中国梦而不懈奋斗的"大主题"。希望读者在阅读这些作品时，收获的不仅是感动，更是精神的力量，并以此为契机，学习了解老一辈革命家、建设者的红色家风故事，从党的百年奋斗史中汲取精神养分，把爱家与爱国统一起来，把实现个人梦、家庭梦融入国家梦、民族梦之中，为加快建设现代化经济强省、美丽河北，实现中华民族伟大复兴汇聚强大正能量！

本书编委会

2022 年 2 月

目 录

我愿做一颗绿色的种子 / 1

柔肩担重任 传承好家风 / 3

干啥就得务啥 要有豁得出去的劲头 / 5

三代地质人的坚守与传承 / 8

恪守"耕读堂训" 传承红色家风 / 10

一勤二俭留德行 "三献"精神记心间 / 12

"红色基因"代代传 / 15

继承先烈遗志 传承存瑞精神 / 18

红色家风代代传 和谐家庭谱新篇 / 21

一颗红心永向党 / 24

传英雄故事 承红色家风 / 26

忠义家风世代传 / 28

国家的孩子 / 30

传师德 铸家风 / 33

尊师重教树家风 / 36

坚守三尺讲台 点燃教育火焰 / 38

军人风骨浸透家风家训 / 40

爱国如家好家风 / 42

奶奶的誓言 / 44

那一树石榴红 / 46

永远铭记血与火的岁月 / 49

一家三代跟党走 / 52

红心向党薪火传 / 55

父母是我们最好的榜样 / 58

一心装满爱　一瓦顶成家 / 60

接过父辈的责任和担当 / 63

苦干实干，做有益于人民的人 / 65

艰苦创业三代人 / 68

祖辈相传为教育 / 70

父子俩的口头禅 / 73

我们的"家庭擂台赛" / 76

老秤传家风 / 79

我们家的"书香梦" / 81

由"小"变"大"，我的家 / 84

言传身教塑造善美家风 / 86

传承好家风　宣讲好故事 / 89

爱国心　拥军情 / 91

传承红色家风　身教大于言传 / 93

"红薯大王"的好家风 / 95

红色家风世代传 / 98

为谁辛苦为谁甜 / 100

塞罕坝上父子兵 / 103

像父亲一样，信仰坚定比天高 / 105

四代人的"幸福经" / 107

坚定理想信念　传承良好家风 / 109

传承红色基因　赓续平民家风 / 111

一脉家风　六代传承 / 113

四代传承　红色家风 / 115

一名老党员的红色基因传承 / 117

传承红色家风　牢记初心使命 / 119

感恩一生　回报一世 / 121

传承好家风　砥砺好品行 / 123

做红色家风的传承者 / 125

父亲的勋章 / 128

厚德家风　红色传承 / 131

缅怀革命先辈　传承红色家风 / 133

一身担正气　言行传后人 / 135

永做革命事业接班人 / 137

我的大伯 / 139

优良家风照我前行 / 141

小孝于家　大孝于国 / 144

赓续传承红色血脉 / 147

颂百年风华　传红色基因 / 149

让优良家风代代相传 / 151

从孝百业成　家和万事兴 / 154

百善孝为先 / 156

传承好家风　四世同堂乐 / 158

从"深海蓝"到三尺讲台 / 160

红色家风代代传 / 162

坚定信仰不能忘　执着一生跟党走 / 164

让党旗永远高高飘扬 / 166

红色家风浸心田 / 168

干干净净做人　踏踏实实做事 / 171

拥军情怀深似海　红色家风代代传 / 173

敬业奉献家风传 / 175

孝心为先　用爱补缺 / 177

听母亲的话 / 179

一成不变的坚持 / 181

"忠诚担当"永流传 / 183

传承红色家风　书写美好人生 / 185

无怨无悔付出　传承红色家风 / 187

传承"爱国如家"的红色基因 / 189

热心公益甘奉献　文明家风代代传 / 191

我的父亲 / 193

父事三记 / 195

回家的记忆 / 198

我的父亲母亲 / 201

家风，爱的传承 / 203

飞行员父亲为我根植的红色基因 / 205

一个普通共产党员 / 207

情系唐尧风云地　红色基因代代传 / 209

对党最质朴的爱 / 211

红色家风永存我心 / 213

为民家风代代传　奉献家训我弘扬 / 215

传承好家风　做有温度的教师 / 217

"赤老头"的初心践行 / 219

永远的精神坐标 / 221

一粥一歌的家风传承 / 223

像父亲一样敬业勤奋 / 225

关于姥爷的那些事 / 227

后记 / 229

我愿做一颗绿色的种子

◇ 程李美

我的父亲是20世纪六七十年代第一批响应国家号召来到塞罕坝的林业工人，我也在父亲的感召下回到林场，成为绿色事业的一分子。

从起初的不情愿到现在的乐在其中，离不开家庭对我的影响。如今，我可以骄傲地说，我完成了父亲的嘱托，接过了他手上播种绿色、建设绿色的接力棒，成为一名新时代的追梦人。

我出生在塞罕坝，从小跟树最熟，看到最多的是树，听到最多的还是树，肩上的书包、身上的衣服也是绿色的。我甚至觉得，父母想把我打扮成"一棵树"。父亲是固执的，和所有塞罕坝人一样，一辈子只干了一件事儿——种树。

在塞罕坝，冬天最低气温零下43摄氏度，连年积雪7个月以上，很多人患上了严重的风湿和肺气肿。在山上，吃的是黑莜面，喝的是化雪水。父亲还不到50岁，牙就全部掉光了。过年的时候，还贴着这样的对联："一日三餐有味无味无所谓，爬冰卧雪冷乎冻乎不在乎。"那时我不理解：他们怎么就对种树那么有瘾，对艰苦那么淡然？我暗暗发誓，一定要走出这片单调的绿色，去看看色彩斑斓的世界。

2006年，我考上了北京科技大学。父亲问我："闺女，毕业了还回来不？"我说："爸，我这个名字可是您给取的。程李美，城里多美呀。"

毕业后，我留在北京，做着喜欢的工作，偶尔才会梦到家乡的那片绿色。2013年，我正值事业上升期，父亲却查出胃癌。回到家，我搀扶着父亲，爬上门前的那个小山坡，阳光撒向无边的林海。父亲说："你看，多美的绿色呀！闺女啊，回来吧。"看着眼前的一棵棵树，就像一个个战士，手挽手构筑起一道绿色屏障。那一刻，我理解了父辈的坚守和执着。

为了多陪陪父亲，我考回了父亲曾经工作的林场。在这儿，我每天早上5点起床，烧大锅、睡火炕、上山造林。2015年，父亲还是走了，但却是安心的、无憾的。因为他坚信，他的女儿和他种的林子一样都能成材。

按照父亲的遗愿，我把他的骨灰撒在他毕生工作的林子里。生前种树，死后育树，这是父亲心里最想做的事情，也是林业工人一世的情怀。

此后，我全身心投入到绿色事业中，踏遍12个林场的54个营林区，探索出全林经营模式，编制的森林经营方案在国内通过国家级论证。

大自然没有辜负我们的努力和付出，如今，由百万亩林海构筑的"绿色长城"塞罕坝，被誉为"水的源头、云的故乡、花的世界、林的海洋"。

虽然父亲不在了，但我从未觉得他离开了我，他的精神力量已深深植入我的骨血。我想，未来我还会把它们留给我的孩子，这份艰苦奋斗、无私奉献的传承永不能忘，也永不会忘。

我愿做一颗绿色的种子，用赤诚去播荫洒绿，用青春伴祖国同行！

（作者工作单位：塞罕坝机械林场）

柔肩担重任 传承好家风

◇ 口述／成千珍　执笔／孙秀群

　　8岁起担起家庭重担，坚持照顾多病的母亲和残疾的弟弟；给下一代讲述老一辈革命故事，将红色家风、爱国情怀薪火相传；始终将人民利益牢记心中，出资为村里建设文化广场、村办公楼……

　　我是成千珍，今年79岁，是革命烈士的后代，曾获得"燕赵榜样母亲""河北省优秀园丁"等称号，我的家庭被评为全国文明家庭、全国最美家庭。

　　我的父亲17岁加入中国共产党，在1949年渡江战役中壮烈牺牲，当时我只有8岁。我清楚记得，收到父亲的革命烈士证书时，家里老老少少哭成一团。从那天起，我似乎一下子长大，毅然担起照顾家庭的责任。

　　生活的艰辛没有压垮我。每当看到父亲的烈士证书，我的内心就充满力量。我每天早上五点钟就起床生火，踩着小凳子煮全家人的饭。有一次做饭时，发现锅里的饭溢出，就急忙端锅，因为力气小,"砰"的一声把锅摔在地上,滚烫的饭洒在胳膊上,为此留下了深深的疤痕。

我在一边照顾全家人的同时,一边刻苦学习文化知识,将父亲的革命精神转化成生活的勇气和学习的动力。经过努力,我考上了师范院校。

1959年,我放弃在城市工作的机会,选择回农村老家当一名教师,并和邻村一名善良本分的庄稼汉组成家庭。出嫁不离家,我对娘家人不离不弃,与丈夫共同照顾。后来有了两个儿子,大儿子不忍心看我辛苦地照顾姥姥和舅舅,初中毕业后就到附近的自行车厂工作,挣钱贴补家用;在我的鼓励下,二儿子18岁时报名参军,到云南某部队接受军队的洗礼。

当时作为公办教师,虽然有工资,但家中老幼病残,十几口人没有劳动能力,都是靠平时的省吃俭用养家糊口。最艰难的日子,我白天上课,晚上还要做刺绣贴补家用。即便这样,我还时常把村里的五六个孤寡老人接到家里吃饭,并先后资助50余名困难学生,尽自己的微薄之力让他们快乐成长。

退休后,本可以享受其乐融融的晚年,但在村"两委"换届时,全票当选为村党支部书记,并连任三届。群众的事就是我的事,大家快乐了,小家就幸福了。9年来,我没有领过一分钱工资,还把自己的积蓄拿了出来先后垫资为村里打机井、硬化道路等,让群众过上了有盼头的好日子。我的孙子董超超从小耳濡目染,总是说:"从俺奶奶身上,我学到了什么叫奉献,什么叫担当。"

70年来,我带领"娘家"革命后代,一步一个脚印地将红色家风不断传承,努力成为对党、对国家、对人民有益的人。

(口述人系邯郸市冀南新区中史村人,

执笔人系《邯郸日报》记者)

干啥就得务啥 要有豁得出去的劲头

◇ 口述／潘秀荣 执笔／沈 庆

我的父亲潘贵增，1928年生于唐山市滦南县虫儿林村，19岁参军，曾获得三等功，复员后不久便和母亲一起回了家乡。

回乡后，父亲曾担任村里的护秋员，但从没拿过公家一粒粮食。每天饥肠辘辘的我们，也想和村里其他孩子一样去地里捡花生，但父亲坚决不允许。

从小父亲对我们兄弟姐妹8个就要求严苛，十二三岁便让我们去生产队劳动，手上生泡也不许喊痛……"干啥就得务啥，要有豁得出去的劲头！"这是父亲对我们说得最多的一句话。

听父亲讲，在一次战役中，由于长期作战不脱衣服，身上到处是虱子，腿被咬得溃烂长出脓疮，奇痒难耐又疼痛不止，但他坚持一声不吭，咬牙坚持战斗到最后。

小时候一直不懂，长大后才真正理解父亲，他那"豁得出去的劲头"，正是为党为国牺牲一切的奉献精神。"干啥就得务啥，要有豁得出去的劲头"，这句话成为父亲留给我们的最好家风。

我1978年参加工作，从在滦南县截瘫疗养院当护理员，到1995年成为滦南县光荣院院长，43年如一日，做所有老人贴心的"闺女"。自从担任院长的那天起我就立志，要让昔日枪林弹雨中冲杀的"最可爱的人"，成为今朝生活"最幸福的人"。

为了贴补光荣院，我带着员工走街串巷卖冰棍，赶农村大集卖果蔬；科学布局院内环境，将光荣院建成集观赏、游玩、休憩等功能为一体的"公园养老院"；建起老人健康档案，从医学的角度安排饮食、建立营养配餐制度；用疗养的思路组织活动，以全新的理念开展人性化服务……

每天，老人们花木旁散步、健身房锻炼、书画室挥毫泼墨，光荣院老人平均寿命89岁。

为老人净面、梳头、整容、穿寿衣、守夜……老人们特别关注的"临终之孝"，我们也是亲力亲为，让老人走得踏实。没有亲眷的复员军人白顺安去世时，我手捧骨灰盒，带领工作人员缓步行走十余里路，将老人送回故乡，感动村里上百人加入送葬队伍。26年间，光荣院已为50余位革命老人行"临终之孝"。

由于工作突出，我获得各种荣誉几十项。2018年，以我为原型创作的评剧《爱洒夕阳》在各地演出，反响强烈。退休后，我又被返聘光荣院院长10年，今年又续聘5年。

而对于自己的小家，我是不称职的。我愧对父母公婆，他们却给我大地般的厚爱；我愧对丈夫，他却像大树一样给我遮风挡雨；我愧对姐妹兄弟，他们却像雨露一样滋润我；我愧对儿子儿媳甚至孙子，他们却像反哺的羔羊一样善待我。也正是家人的支持，使我在工作上走得更远。

"干啥就得务啥,要有豁得出去的劲头。"父亲那句话深深地刻在我的心里,始终兢兢业业,尽一个院长该尽的责任。

(口述人工作单位:滦南县民政局民政事业服务中心,
执笔人工作单位:滦南县教育局)

三代地质人的坚守与传承

◇ 王莹

"天下之本在国,国之本在家。"作为一种润物无声的力量,家风家训无时无刻不在净化着每一个家庭成员的心灵。曾从事教育教学的太姥爷教导后辈要诚实、正派、守规、读书,我们大家庭的家风是从北京传承下来的。

1965年9月3日,一列绿皮火车由北京开往大西北,车厢里有一家三代五口人,分别是我的太姥爷、姥爷、姥姥、母亲和二姨。经过两天两夜,火车终于到达青海省西宁市。

姥爷、姥姥是响应国家号召,从地质部支援边疆建设来到青藏高原的。在母亲的印象里,这个平均海拔2200米的小城人烟稀少、气候干燥,经常是漫天的黄沙,一家人努力适应着艰苦的环境,乐观积极地面对工作和生活。

姥爷是带着"地质部机关青年社会主义建设积极分子"的荣誉称号来的,他身先士卒,放下未及安顿好的家人,先后奔赴果洛藏族自治州、海西蒙古族藏族自治州开展地质坑探工作。野外勘探工作，去到的地方人迹罕至、山路崎岖，常有大卡车开不到的地方，姥爷和同事们就骑马，马到不了的地方，就用两条腿走，就算爬冰卧雪也要拿到数据。在大柴旦，测绘、采样的地方通常海拔都在5000米以上，背着沉重的测绘仪器，每走几步就得停下来喘上几大口，然后架好仪器标记数据，就这样沿着规划好的剖面线不停地走，一路爬山过岗，顶着高原强烈的紫外线，经常要走出十几甚至几十公里的路，奔波劳累了一整天，晚上回到驻地才能吃口热饭。

姥爷去野外工作一走就是大半年，姥姥在家独自撑起一片天，努力工作的同时还要照顾老人和孩子，但从不言苦，因为她知道地质工作的重要性。舍小家、为大家，奉献精神在每个地质人身上熠熠生辉。

父亲和母亲也都服务于地质行业。父亲曾获"青海省第三届优秀中国特色社会主义事业建设者"称号。母亲无论在单位还是家庭，也都有较好的口碑。老一辈的言传身教让我受益终生，在填报大学志愿时，我毅然选择了吉林大学水文与水资源工程专业。"好，又一个地质接班人。三代地质人，无上荣光！"接到录取通知书时，姥爷高兴地说。

大学毕业后，我进入中国地质科学院水文地质环境地质研究所，边工作边学习，在2016年获得博士学位。我的爱人积极响应国家号召，2012—2013年在保定参与驻村扶贫工作，用真情和实干架起与村民的"连心桥"。作为父母，我们也将把红色传统传承给下一代，继续为祖国再立新功。

"我们有火焰般的热情，战胜了一切疲劳和寒冷……"这首鼓舞了一代代地质人的《勘探队员之歌》，也将继续激励我们历经沧桑而初心不改、饱经风霜而本色依旧。

（作者工作单位：中国地质科学院水文地质环境地质研究所）

恪守"耕读堂训" 传承红色家风

◇ 马新景

我从小生活在一个大家庭里，良好的家风对我的成长影响很大。

我们这个50多口人的大家庭，被称为"耕读堂"，名字是我姥爷起的。姥爷还制订了"耕读堂训"，即"四须八戒"。"四须"就是：须文、武、忠、孝；"八戒"就是：戒酒、色、财、气、功、名、利、禄。每个"耕读堂"人还必须具备"四个条件"：一是成年人须是共产党员，从20世纪三四十年代到现在，家中几代成年人都是共产党员；二是每个人都要遵纪守法，不能给大家庭抹黑；三是每个人必须敬畏职业，当先进、做模范；四是每个人必须低调做人、踏实肯干。

我们这个大家庭之所以充满正能量，也得益于"耕读堂"前两代人的革命经历和率先垂范。

我的姥爷韩玉书，是电影《地道战》里区长赵平原的原型之一，也是一名老党员。他1930年入党，在苦难和战火中，姥爷创立了"耕读堂"，带出一个红色家庭，形成了既继承传统美德，又体现党性的红色家风。直到晚年，姥爷的革命意志丝毫未减，他离休后曾三次把节俭下来的工资按大额党费缴纳。

"耕读堂"第二代是三兄妹。我的舅舅韩志洪（抗战时期化名张曙光），5岁起就天天背诵古文、打拳练武，十几岁随姥爷参加抗战，成为冀中有名的"父子兵"。新中国成立后，他主动到艰苦的大西南、大西北工作。我的母亲韩志勇，15岁带头组织互助组；17岁入党，同年被评为"冀中劳动英雄"（省级劳模）；21岁参加开国大典，在中央团校毕业典礼上受到毛泽东主席、朱德总司令的接见。离休以后，她多次被评为石家庄市优秀离休老干部。我的姨妈韩志民，17岁入党，是国家培养的第一代赴苏联留学生；留学回国后扎根贫困山区，一生献身基层教育事业。

几位长辈崇高的革命精神，为后辈树立了榜样。社会转型时期，经济快速发展，"耕读堂"的家风建设突出了"忠孝""文武""淡泊""勤俭"等重点。拒绝物欲诱惑，不受功名利禄的羁绊，根本在于淡泊、清廉。"耕读堂"老人们凡是见到反腐报道，都会发微信家族群阅读讨论。

"耕读堂"常以克勤克俭、热爱劳动教育引导晚辈。母亲在她的小院里建起小小的"家庭农场"，带领孩子们种菜种树，逢年过节组织孩子们擦玻璃、比赛做拿手菜。母亲带头树新风，孩子的婚事全部从简，没办一桌酒席，没收一份贺礼。"耕读堂"还设立了家庭汇报、奖励制度，过年不给压岁钱，而是设立学习工作"家庭奖"，以弘扬好家风。

家庭是社会的细胞，也是传播正能量的场所。良好的家风积聚起来，便是优良的民风、国风。

（作者系省委省直工委退休干部）

一勤二俭留德行 "三献"精神记心间

◇ 口述／马贺年　执笔／李博宇

我叫马贺年，今年78岁，是廊坊一名普通的退休老教师、老党员，多年来热心公益、爱管"闲事"，人送名号"马管事儿"。要说我做公益的初心和动力，其实得益于党多年的教育，以及我和爱人双方家庭对我的影响。

我的老家在廊坊市广阳区九州二村。父亲5岁那年，祖父去世，无助的奶奶只能把父亲送到寺庙求生。无奈军阀混战，寺庙遭劫，父亲又被送回家里。后来，父亲常对我们说："一勤二俭，留德不留财。"

新中国成立后，我成为第一届师范大学本科生。当时廊坊属武清，大多数同学希望分配到离家近的杨村镇教书，可我对负责分配的领导说："把机会让给其他同学，我去最远的地方。"就这样，我在武清最东边、离家最远的梅厂中学工作4年，每次骑自行车回家都得花一个半小时。

如果说父亲"留德不留财"的教诲帮我树立

了正确的价值观，那么，岳父的革命精神和崇高品质则铸就了我对党忠诚、甘于奉献的人生观。

岳父曾是八路军，在永清县北关战斗中负伤严重，回家休养。老人从不居功自傲，始终以一个共产党员的标准严格要求自己和子女。当时，岳父家里人口多，房屋不够用，有的孩子就只能住在牲口棚。为解决居住问题，区民政局把砖瓦木料拉来要给他们盖房，老爷子却跑到现场叫停："共产党员要带头，不能搞特殊！"

在岳父的影响下，我的妻子17岁加入中国共产党，18岁成为村民兵连长。岳父的革命残废军人抚恤证是她的嫁妆，也成为我们这个小家庭的"传家宝"。每次看到抚恤证，岳父嘱咐我们的话就会萦绕在耳边："作战不怕流血牺牲，一颗红心永远向党！我们共产党员家庭，对党、对人民就要有献钱、献身、献心的'三献'精神！"

我有两个孩子，一儿一女。女儿1岁半时患上结核性脑膜炎，落下后遗症。我和老伴长期为女儿做康复锻炼，并以积极乐观的生活态度鼓励她。儿子本科毕业后把留京指标让给同学，在他参加工作之初，我就告诉他："咱们出身贫寒，工作要向最高标准看齐，生活要向最低标准看齐。"

退休后，我把重心放到了公益事业上。2015年至今，我先后创办4个校外辅导站，聘请退休教师、大学生志愿者等，免费辅导低保家庭子女、有困难农民工子女、英烈子女等。

10年前，我的外孙女上小学，我发现学校门前时有交通事故发生，于是联络20多名老同志主动配合交警维持交通，赢得家长们的一致好评。如今，我把老家的院子修整成村里的老人活动中心，大家把这儿叫"幸福苑"。

我生在旧社会，长在新中国，受党的教育数十载，红色精神在心里深深扎根。只要我还干得动，就会一直做公益。

（口述人系廊坊市第六中学退休教师，
执笔人系《廊坊日报》记者）

"红色基因"代代传

◇ 张俊锐

沐浴着灿烂的春色,我到田野的清风中找寻父亲的"身影"。家父去世已经两年多了,但是,他生前的事迹仍历历在目……

父亲张金榜,1953年加入中国共产党,在南宫市先后担任二轻局局长、组织部部长、财贸部部长、统战部部长、市直工委书记、市政协秘书长等职务。他留给我们的,是遵纪守法、高风亮节的为官之道;传承给我们的,是为人正派、克己奉公的做人风范。

父亲任二轻局局长时,爷爷罹患癌症,父亲经常在下班后骑着自行车回老家照料爷爷,从未动用过公家的汽车。爷爷去世后,父亲仅向组织请了一天假,在家简单处理了老人的后事。

我结婚的时候,社会上正时兴算彩礼几十条"腿"。父亲只给我做了一张写字台、一个衣柜和一张铁管床,总共12条"腿"。为了弥补"腿"的不足,我决定自己制作一个小茶几。中午下班后,我从单位保管员那要来一块铁板，夹在自行车后架上高高兴兴地往家赶。刚要进家门，正好被下班回来的父亲撞见。父亲严厉质问，我不得不如实回答。最后，老爷子斩钉截铁地"指示"："下午上班必须给单位送回去！"

父亲卸任供销联合社主任、调任市委工作后，为了尽快给新上任的主任腾办公室，继母按照父亲的要求借来一辆车，到父亲原单位办公室取回被褥等个人用品。中午，父亲下班回家清点个人物品时，发现多带回一个塑料皮的暖水瓶。他二话不说，立刻让继母给单位送了回去。

20世纪80年代，我在南宫市广电部门任职，入职几个月，便在《河北日报》等省级媒体发稿10余篇，后被要求调动至市委宣传部工作。调动过程中，上级有关部门发现我不是中共党员，不符合调入干部条件。

于是，我便向南宫市广电局党组织递交了入党申请书。当时，不少人跟我说："你父亲在组织部任职，让你父亲给广电局局长打个招呼吧。"

回家后，我便向父亲提及此事。父亲听后一脸严肃："不要总想着走捷径，你能不能入、够不够条件，要由党组织来考察决定，这事儿我怎么能插手？"就这样，父亲没有为我"开后门"，经过一年多的努力和磨炼，我终于跨进党组织的大门。

父亲的言行举止一直影响着我们。进入省委机关工作后，作为一名新时代的组工干部，我觉得弘扬党的优良传统和作风责无旁贷。因此，在纪念中国共产党成立90周年的时候，我接续忆写了父亲的故事《公车，就是办公用的》等文章，河北美术出版社以《党员干部——父辈启示录》为题，结集出版。

多年来,父亲平凡朴实的品行一直影响、激励着全家人。我们家祖孙三代,现有 14 名共产党员。父亲的"红色基因",在我们身上一脉相承、薪火相传。

(作者系中国作家协会会员、河北省委组织部退休干部)

继承先烈遗志 传承存瑞精神

◇ 董继英

我的伯父董存瑞从小就是一个勇敢的人,他16岁参军,在部队刻苦练习,两年后当了班长并加入中国共产党,在部队先后荣立3次大功、4次小功,荣获"毛泽东奖章"一枚、"勇敢奖章"三枚。

1948年5月,在攻打隆化城的战斗中,伯父任爆破组组长,带领战友接连炸毁4座炮楼、5座碉堡,顺利完成了隆化中学外围的爆破任务。但连队发起冲锋时,突然遭到敌人一隐蔽的桥型暗堡猛烈地火力封锁,关键时刻,伯父挺身而出,他用身体做支架,手托炸药包,炸毁敌人的桥型暗堡,用生命为部队开辟了前进道路,牺牲时年仅19岁。

伯父的性格坚韧倔强、纯朴善良,就像他的父亲——我的爷爷。爷爷是一个厚道、勤劳的庄稼人,除了自家农活,他还在田间地头搭建起简易窝棚,无偿为村里看管果树。

我的父亲董存金当过民兵、村党支部书记，他孝敬老人，爱护子女。为了养家，他不怕苦、不怕累，辛辛苦苦养活一家8口人，把我们兄妹4人拉扯大，供养我们读了中专、大学。

长辈一直教育我们，做人一定要善良厚道。伯父是我们全家人的骄傲，更是我们的楷模。

姑姑的儿子艾冬是一名北京公安民警，多年扎根基层，被评为2019年度首都公安"法制之星"。2020年疫情期间，北京市公安局12345分中心全天候安排人员值守，接收办理电话派单，艾冬作为市公安局12345"接诉即办"工作的负责人，带领同志们加班加点，共办理各类群众诉求近万件。由于工作过度劳累，艾冬于2020年2月22日牺牲在抗疫一线，年仅45岁。

在我儿时的记忆里，伯父董存瑞的名字在家里很少被提及。在我上小学三年级时，父亲给我们兄妹4人改了名字，哥哥改叫董继先，我改叫董继英，两个妹妹分别叫继红和继华，寓意继承先烈遗志、继承英雄遗志。

虽然从未与伯父谋面，但他勇于献身的精神深深打动着我，是我不断前进的动力。20世纪80年代，我毕业参加工作时，曾经有很多次去大城市发展的机会，但当时英语教师特别稀缺，我最后决定留在隆化，留在以伯父名字命名的学校——存瑞中学，做一名人民教师。

"一支粉笔染双鬓，三尺讲台度春秋。"30多年过去了，在为学生传授书本知识的同时，我也注重把存瑞精神传承给他们，让每一名存瑞中学的学子走出"存中"门、传承英雄魂。

2020年4月，我主动请缨到学校扶贫帮扶村隆化县中关镇大铺村，成为驻村工作队的一名成员。大铺村生活条件艰苦，尤其到了冬天，天寒地冻。白天，在屋里穿着羽绒服、大棉鞋也不觉得暖和，晚上睡觉冻得头疼。但是，乡亲们如期脱贫，生活过得越来越好，我觉得所有付出都是值得的。

（作者工作单位：隆化存瑞中学）

红色家风代代传 和谐家庭谱新篇

◇ 李多多

我出生于一个军人家庭，今年 43 岁，党龄 23 年。是几代人传承的红色基因，从小影响和支撑着我不断成长和进步。

抗日战争年代，侵华日军在村里搜查八路军时，爷爷冒着生命危险为八路军打掩护，想尽办法保护他们。

从戎意志坚，退休不褪色。父亲受爷爷言传身教和进步思想的影响，从小就立志参军，保家卫国。因表现优异，父亲加入中国共产党，先后荣立两次三等功，多次获得通令嘉奖和"优秀共产党员"称号。

退休后，父亲积极投身社区建设，在社区做起了义工，每天都要到小区巡逻。平时我去探望父亲，他还经常与我讨论学习党的方针政策心得体会。父亲对党坚定不移的信念深深激励着我。2021 年，已有 56 年党龄的父亲获得了"光荣在党50 年"纪念章。

在父亲的影响下，我在大学期间加入中国共产党。参加工作后，我时刻谨记自己的党员身份，对自己高标准、严要求，兢兢业业，得到领导和同事们的认可与好评。

2019年8月，我担任秦皇岛市河湖长服务中心党支部书记。刚到岗时，恰逢第二批"不忘初心、牢记使命"主题教育开展，需要马上部署相关活动事项，时间紧迫，任务繁重。我向上级机关党委的负责同志虚心请教，问清每一个细节，回单位后加班加点学习，每项工作、每次会议都仔细研究。党建活动不知如何开展，就向先进党支部书记请教；党建材料不知如何填写，就查找大量资料、范本，认真研读……担任党支部书记以来，我成了每天最后下班的人，同事们开玩笑地说我的办公室是"长明灯"。在不断努力下，我们党支部的党建考核工作逐年进步，现在已在全系统所有支部中名列前茅。

除了做好党建工作，我还紧密结合河湖长制的工作特点，加强党务与业务的紧密结合，打造一个领导班子好、党员队伍好、工作业绩好、工作机制好、群众反映好的基层党组织。

夫妻同心齐上阵，爱岗敬业传家风。我的丈夫是一名教育工作者。去年5月，疫情形势严峻，上级要求初三学生实行寄宿制管理。秦皇岛市的中学实行走读制，没有符合住宿条件的学校，我丈夫和同事走遍辖区内的学校，进行调度，安排学生住宿、上课等事项。

今年春节前，大量秦皇岛籍学生因为疫情原因滞留石家庄，很多家长心急如焚，希望教育部门组织人员把学生接回。统计人数，安排接送人员、车辆、交通、食品等各项工作全部就绪后，丈夫穿上防护服，到石家庄接学生回家。

我的儿子在好家风的熏陶下，从小就养成良好的学习生活习惯，被评为秦皇岛市美德少年。现在,他在衡水一中读高中二年级,是学校国旗护卫队的升旗手。

红色家风潜移默化地影响着我们,让我们坚定理想信念,永远听党话、跟党走。

(作者工作单位:秦皇岛市河湖长服务中心)

一颗红心永向党

◇ 赵海元

我的母亲叫刘金鱼,她把"拥军、扶贫、办教育"作为毕生追求,曾先后当选三届全国人大代表,被评为全国爱国拥军模范、全国十大杰出母亲、全国双拥先进工作者,战士们亲切地称她为"刘妈妈"。

母亲始终秉承忠诚、至善、拼搏、奉献的理念,一生勤劳,她的崇高人格深深影响着后代子孙。

母亲出生在涉县西戌镇西戌村。小时候,家里断了粮,母亲和大姨外出逃荒要饭。母亲饿得实在走不动了,大姨就将她安顿在一个避风的大石头后面再去讨饭。又困又饿的母亲迷迷糊糊睡着了,这时,一只饿狼出现!就在它要扑向母亲的时候,及时赶来的八路军将母亲救下。

小时候,母亲经常给我们讲八路军把她从狼嘴里救出来的故事。每每说起这些,她的眼里都闪着泪花。怀着一心报党恩的决心,母亲先后送我们弟兄三人参了军。

1965年,大哥赵交元在县公路站上班,他的工资成为当时家庭的主要经济来源。但送子参军报国是母亲多年的心愿，她想让大哥辞掉稳定的工作。当时，大哥顾虑家里负担重，不太情愿。母亲二话不说，风风火火地带上大哥到县武装部报了名。母亲跟大哥说，不要考虑家里的困难，要树立保家卫国的思想，到部队去锻炼自己、提高本领，这样才更有出息。在母亲的鼓励下，大哥打消了顾虑，步入军营，在部队服役期间，工作积极、好学上进，并且光荣地加入中国共产党。

1969年冬天，二哥赵贵元参军入伍，成为一名解放军战士。我是1981年冬季应征入伍的，当时也是母亲鼓励我报名。我是工程兵，工作环境和条件艰苦。我努力工作，多次立功受奖，并成为一名共产党员。

我们兄弟三人在军队里的成长与进步，离不开母亲舍小家、为大家、爱国拥军的博大情怀，也离不开党组织的关怀和培养。转眼间，母亲已经离开我们7年多了，我们弟兄三个和姐姐也都退休。但我们始终不忘党组织的嘱托，牢记母亲的教诲，努力做到退伍不褪色。

2014年，为把母亲的爱国拥军事业弘扬好、传承好，经过上级批准，涉县刘金鱼爱国拥军促进会成立。7年来，促进会已发展会员100多人，先后筹措资金40多万元用于慰问部队官兵、离退休老军人以及参与抢险救灾的广大民兵预备役人员。2021年，我们充分利用"爱国拥军模范刘金鱼纪念馆"这个平台，向广大党员干部、青少年和群众宣讲党的百年光辉历史，讲述八路军129师的抗战故事以及母亲的爱国拥军模范事迹，累计宣讲已达数十场，受众达上万人次。

党组织的培养，军队的磨炼，母亲的教诲，是我爱党报国的思想基础。我将继续讲好红色故事，传承好红色基因，让红色家风代代相传。

（作者系邯郸市军休干部）

传英雄故事 承红色家风

◇ 口述／李兰祥　执笔／于　静

我叫李兰祥，是来自石家庄市赞皇县的一名退伍老兵。我的父亲是赞皇县最早一批加入中国共产党的，母亲也曾是八路军救护队的一员，因为从小受父母的影响，我6岁起就帮着父亲给游击队传递消息，和母亲一起照顾伤员，早早产生了参军干革命的想法。

革命胜利之后，我将不怕苦、不怕累、认真踏实的作风带到工作中，谨记父母的教诲，坚持多做好事、多帮助他人。在退休后的日子里，我用手中的笔记录历史，用文字让英雄事迹闪闪发光，这也是我作为一名退伍老兵对革命老区最深沉的爱的表达。为寻找和采访老兵，赞皇县各个村镇我都去过，刚开始是租车，后来为了节省开支就骑自行车、坐客车、搭车……有的老兵年纪稍微大一点，一时记不太清楚当时的事情，需要来回跑很多次才能确保资料的真实性和客观性。

自2007年至今，我将搜集到的百余名赞皇籍老兵的英雄事迹陆续辑印成册，包括《美好的回忆》《山村的骄傲》等8册，每每有朋友来访，我都会小心翼翼地从箱子里拿出来一一给他们介绍。十几年来，我带着"为后人留下更多英雄资料"的信念，奔赴全国13个省份实地采访参加过抗日战争、解放战争、抗美援朝战争的老兵，以文字的形式留下英雄的记忆。这一路的坚持离不开部队对我的教育，也离不开家人的支持。

父母对我的教诲，我也要教给我的孩子们。我和爱人虽然工作都很忙，但凡事以身作则，三个子女从小独立自强，现在都在各自的岗位上认真踏实地奋斗着，对他们自己的孩子也是严加教育。上初中的孙子从小养成了爱读书的好习惯，是我记录的英雄故事的忠实读者，现在不仅只是喜欢读，还能把故事完整地讲出来，很是令我欣慰。

孩子们都很孝顺。十几年来，我先后花去十余万元的退休工资，用来搜集整理赞皇籍老兵资料，三个孩子很支持，工作之余抽时间轮流陪我去采访和搜集资料。孩子们还说，和平年代，虽不能像我和父亲那样投身战场，但能为红色革命精神的传承做些力所能及的事，同样感到非常骄傲、自豪。"我们要缅怀他们的功绩，弘扬烈士精神，让正能量在全社会广泛传播。"这是《赞皇老兵风云录》前言中的一句话，也是我坚持的信念。

如今，我已经80多岁了，就想着继续加快脚步，抓紧时间获取更多英雄故事的线索。闲暇之余，我也会种种蔬菜、做做健身操，因为只有身体健康了，才能有更多的精力去做这项工作。作为一名退伍老兵，我愿意将这项工作一直坚持下去，希望后人能够更全面地了解那些为我们的家乡做出过突出贡献的英雄们。

（口述人系赞皇县人民法院退休干部，

执笔人工作单位：赞皇县委宣传部）

忠义家风世代传

◇ 武章平

在我的记忆里,爷爷武秉政就是忠义的符号。从我记事起,就没有见过他,听父母讲,爷爷是在抗日战争时期为了营救乡亲们被日军残忍杀害的。

1943年,正值抗战艰难时期。农历八月初九,驻守在原肥乡县东漳堡村岗楼的日本侵略军扑进我村,见粮就抢、见财就夺。乡亲们对此早有警惕,一有风吹草动就把粮食等重要物资隐藏起来。敌人扑了空,气急败坏地抓走9名青年。

大家焦急万分,中共地下党组织得知情况后设法营救。我的大伯武会是村里第一任地下党支部书记,他首先想到爷爷,爷爷是党员,在乡亲中威信也很高。大伯找到爷爷时,他正在地里干农活,了解情况后,二话没说,撂下手中的工具,直奔东漳堡村岗楼,要求对方把他留下作为人质,放9名青年回去,并答应为他们筹粮筹款。敌人信以为真,放回青年,第二天进村欲收粮收款,却正中游击队埋伏，敌人狼狈逃回岗楼，恼羞成怒，对爷爷严刑拷打，逼爷爷交代地下党组织名单和民兵、游击队员名单。皮鞭、老虎凳、辣椒水等刑具都用上了，爷爷仍守口如瓶、宁死不屈，敌人无计可施，残忍地砍下了爷爷的头颅。

奶奶将痛苦和愤恨掩埋在心，毅然将4个成年的儿子送去参军。我的父亲和三个伯伯都继承了爷爷的遗志，发扬不畏牺牲的精神，在战场上英勇杀敌，在保护群众利益方面勇于担当，新中国成立后回乡务农。大伯和三伯在战争中受过重伤，但直到去世也从没向党组织提过任何要求。

1984年10月，在我参军临行前，父亲带我来到爷爷的墓碑前，再次讲述了爷爷的壮举，激励我参军后要做好随时牺牲的准备，要做到"平常时候看得出来，关键时刻站得出来，危难关头豁得出来"，为了国家利益可以牺牲一切。

在军队服役的20余年里，我时刻不忘前辈教诲，努力完成上级交给的一切任务。2004年，我响应号召转业到地方工作，2006年至2008年，我到张家口市怀安县任省"四帮一"扶贫工作队队长、挂职副县长，认真将党的扶贫政策落实到工作中，访贫问苦，协调跑办项目。

2017年至2020年，在努力克服孩子年龄小、妻子体弱多病等困难后，我参加了对口援疆工作，赢得受援地干部群众的广泛赞誉。在此期间，每年一到暑假，我都会接上小学的儿子到新疆体验生活，带他领略大美新疆。儿子告诉我，他长大后也要像我一样支援边疆、建设新疆，儿子的话让我感到很欣慰，希望他健康成长，早日实现梦想。

（作者工作单位：河北省金融信息服务中心）

国家的孩子

◇ 口述／白玉宏　执笔／张伶科

"半生军旅，一生追求。"是我特别欣赏的一句话，这句话不仅是很多军人的人生写照，也是他们孜孜以求的精神风貌。

我的父亲白克方就是一名经过血与火考验的革命军人，也是一名战功赫赫的英雄。父亲作为一名军人，用自己对党的坚定、对革命事业的忠诚、对人民积极奉献的精神，一直影响着我，在我人生的旅途上留下深深的印记。如今，他已经92岁高龄，步履蹒跚，反应有些迟钝，但依然是我心里那座巍峨的高山。

父亲1946年参军，先后参加了解放战争和抗美援朝战争，1953年回国，腿上有两处子弹贯穿伤；1955年光荣退役，为响应国家号召，父亲主动放弃政府给予的工作安排，回到家乡务农。

"忠于职守，不怕苦累；冲锋在前，为党争光。"这是父亲的座右铭，也是他对我说得最多的话。父亲不善言谈，情绪很少外露，可讲起自己的军旅生涯，他总是很激动。小的时候，我清楚地记得父亲常挂在嘴边的一句话："我是国家的人，我的孩子也该属于国家。"

1981年，刚满18周岁的我带着父亲的殷殷嘱托参军入伍，成为"国家的人"。在部队服役13年，我一刻不忘父亲的教导，坚持努力学习、刻苦训练，多次获得"优秀士兵"等荣誉。

军人的家风，严谨朴实；军人的风貌，正直奉献。父亲影响着我，我同样以军人的思想作风影响着儿子。2005年，我的儿子白景辉年满18周岁，我也像我的父亲一样，将他送上了开往部队的列车。

2013年，儿子退役，与我安置在同一家单位。我是单位的办公室主任，父亲怕我搞特权照顾儿子，总是不厌其烦地叮嘱我。"咱们都是退役军人、党员，都是国家的人，我知道自己该怎么做。"父亲听完我的话笑着如释重负。

"不能丢爷爷和爸爸的脸，不能丢军人的脸，不能丢党员的脸，不能丢国家的脸。"成长在军人家庭，不管在部队还是地方，儿子都用一个军人的标准严格要求自己，他是这样说的，也是这样做的。

2020年初，新冠肺炎疫情发生后，作为退役军人党员，我和儿子第一时间提交请战书，去到防控一线值守。在疫情防控的紧张时刻，耄耋之年的父亲如同在战场上听到冲锋的号角般，虽有些颤颤巍巍，但仍以一个老兵的战斗姿态，义不容辞加入抗疫志愿者队伍。负责向群众宣传科学防疫的父亲由于年老体衰，几天后还是累倒了。我想在床前尽孝，他一直撵我走："家里不用你操心，一线需要你，快到一线去！"这像极了战场上常见的场景，受伤的战士向战友呼喊："不要管我，消灭敌人！"我想，在昔日残酷的战斗中，我的老父亲也是这样呼喊的吧。

我带着父亲的期望回到抗疫一线，和儿子一起投入到战斗中。军人的基因，战士的风骨，就这样在我们一家三代人身上传承。

（口述人工作单位：河北恒泰集团有限公司，

执笔人工作单位：磁县退役军人事务局）

传师德 铸家风

◇ 杨午

在平乡县,有一个小村庄叫贾村。村里有一个胡姓大家庭,"四世家传,一门师表,两万弟子",74年里,这个家庭连续出了20多位教师。胡清汝被誉为乡村教育的"老黄牛"。

走进胡清汝家,三个"物件"颇为引人注目:一个是平乡县委县政府授予的"教育世家"牌匾,一个是中央电视台授予的"最美乡村教师"奖杯,一个是"河北省文明家庭"奖牌。

对于胡清汝家庭而言,教书不仅是一种职业,更是一种朴素的人生信念。他们家代代相传的,是"学为人师、行为世范"的为师之德。胡清汝的爷爷胡金锜,被当地人尊称为"胡先生"。1945年,读过私塾的胡金锜在村民腾出的两间民房里创办了贾村第一所小学。胡金锜留给家族后辈16个字——"为人至孝、宅心仁厚、诲人不倦、兢兢业业",胡清汝对此刻骨铭心。

胡清汝的父亲胡庆瑞,从教40年,高中毕业后放弃上大学的梦想，在贾村当了教师。他在村里德高望重，是村里红白理事会的总理事，也为家乡培养了不少优秀人才。和父亲一样，1981年，胡清汝高中毕业后就在贾村小学做起了代课教师。开始教书时，胡清汝并没有受过师范专业的培训，但家庭给了他最好的教育。受父辈熏陶，年轻的他很快跟学生们打成一片。

1989年，不少老师辞职下海，发家致富。迫于经济压力，胡清汝也递交了辞职报告。"老师，你别走！老师，你别走！"最后一节课上，看着孩子们期待的眼神，胡清汝最终选择了继续坚守。

胡清汝教过的班级，都会举行这样的毕业仪式：他为全班同学准备一盘磁带，录下每位学生心中的梦想。医生、教师、科学家、军人……一盘盘刻满理想的磁带，成了孩子们探寻未来的新起点。如今，贾村小学新建了校园，教室里也配上了多媒体和空调，胡清汝还专门建了一个图书角，课余时间带领学生办起读书会。

2016年，胡清汝发起创立"贾村教育基金会"，带头捐款1万元，给全村优秀高中生、大学生颁发奖学金，向品学兼优的贫困家庭学生颁发助学金。在胡清汝的影响下，他的妹妹、堂弟、儿子、女儿先后做了乡村教师。

学幼师专业的女儿胡树桧一毕业就在北京寻得了一份幼儿教师工作。2014年，胡清汝走上中央电视台"最美乡村教师"的领奖台，胡树桧与父亲一起接受采访，理解了父亲肩上的家族使命。后来，胡树桧回到老家的一所幼儿园工作。

提起妻子，胡清汝脸上总会洋溢着幸福和自豪。妻子郑玉书是平乡县贾村的一名农村妇女，种地，养牛、鹅、鸡等，都是她一个人张罗。

胡清汝一家虽然生活不富裕，但常常主动资助家庭贫困的学生。

村里修路、建学校、修自来水设施,他们家都带头捐款出力。胡清汝家庭还先后获得"河北省优秀教育世家"、河北省"最美家庭"等荣誉称号。

(作者工作单位:平乡县委宣传部)

尊师重教树家风

◇ 陈丽惠

我出生在一个普通的家庭，从小一直受到"尊师重教"的家风影响，而且，这种家风深深影响了我们一代人。

母亲是个普通的家庭妇女，和许多母亲一样，淳朴善良，勤劳干练。我们姐妹几个在年幼懵懂时，母亲便经常给我们讲尊敬师长的故事，如《程门立雪》《张良拜师》等，我们从中知道了老师的辛苦和尊师重教精神的可贵。

记得我上中学时，有一次正在写作业，母亲临时有事要出去一会儿，告诉我炉子上有粥，一会儿记着搅拌。我答应后就继续写作业，母亲回来闻到满屋的煳味，赶紧把锅端下来，看我还在那里写作业，就说："写吧，没事。"

我原以为要挨一通批评，没想到母亲说："你忘了这事，说明你全心学习了。古代有王羲之吃饼蘸墨，你今天也算是向前人学习了。"这件事让我始终记忆犹新。

在母亲的影响下，我们四姐妹中有三人考取了师范院校，这在当时的农村是很少见的。尊师重教，我既是实践者，也是受益者。母亲的谆谆教诲不仅影响了我们这一代，也影响着我们的孩子们。

2014年底，母亲身体不好，吃了许多药也不见好转，我们想带她去大医院查查。她说："等放了寒假吧，这样不耽误你们的教学，不耽误学生的学习。"放寒假后，我们带母亲去北京检查，可是太晚了，是癌症晚期。母亲在病床上依然嘱咐我们要以学生和事业为重。病痛无时无刻不在折磨着她，但她咬着牙说："我没事，你们去上课吧，有那么多学生等着你们呢！我一定坚持到暑假，不耽误你们的教学。"

母亲创造了奇迹，真的让生命延长到暑假。我很难想象是怎样的信念在支持着那个瘦骨嶙峋、满身伤痛的老人……在这半年中，我们姐妹没有落下一节课，这都归功于母亲的尊师重教家风。

从母亲身上我学到了很多，知道了尊师重教的意义，也理解了身为人师的不易。《吕氏春秋》中讲"疾学在于师"，谭嗣同也曾告诫世人"为学莫重于尊师"，《荀子·大略》中说"国将兴，必贵师而重傅……国将衰，必贱师而轻傅"，都深刻阐明了国家兴衰与重视知识、尊敬教师的关系。

让我们一起弘扬尊师重教的美德，把中华民族的优良传统发扬光大。

（作者工作单位：唐县第一中学）

坚守三尺讲台 点燃教育火焰

◇ 李 莉

优良家风如同一盏明灯,指引正确的方向。我和我的很多家人站上讲台、拿起粉笔,走上教育岗位,在我看来,我们传承的不仅是一份职业,更是一种家风。

我的舅爷是一名退休的高中特级教师,生前一直告诫我们,在工作中要勤恳、求实、求是。他自己也是这么做的。舅爷出生于革命战争年代,十几岁就走上讲台。新中国成立后,为了更好地投身教育事业,舅爷曾在中国人民大学深造。他从教期间,严谨负责、兢兢业业。1984年,学校部分骨干教师被调往市中学,舅爷坚决要求留在老家的县级学校,把机会留给更需要的老师。他的学生从商、从政、从教,在祖国的各行各业发光发热。我想,能够点亮许多普通人的命运,这大概就是教育的魅力。

姑姑谨遵舅爷教诲,成为一位出色的初中数学教师兼班主任。她的身上有着一股韧劲儿和执着，在她的世界里，教学永远排在第一位。2019年，49岁的她一如平常在操场陪着学生跑操，忽然脚底一滑摔倒在地，右手很快血肉模糊。被送往医院后，医生从她的手中取出一块石子，缝了5针。她却不想因为自己影响工作和学生，又匆忙赶回学校。

晨曦朝露去，披星戴月归。姑姑把更多精力用在学生和教学上，疫情期间停课不停学，她在两天时间内完成了网上授课内容的整合和直播的调试。由于教学方式的特殊性，她积极调整教学方案，力求还原真实课堂场景；课程结束后，还会及时了解没听课或听课时间不足孩子的情况，确保每位学生不掉队。数十节的直播授课、数百小时的直播沟通答疑，让姑姑很快从一个"直播小白"，成长为游刃有余的"直播老手"。我想，教育有了爱的温度，光芒一定更加璀璨。

我刚刚走上教学岗位几年，秉承父辈的教导，立志做一名有温度、有情怀的老师。从事教育事业，我是幸福的。第一批学生是寄宿学校的初中生，暑假开学时，有位男同学在课堂上双眼通红，看起来心事重重。下课后询问原因，才得知暑假期间他的母亲发生严重车祸，他十分担心母亲的伤情。了解情况后，我和学生的父母商量，一有最新的治疗情况将第一时间告知学生。放假时，我也会亲自将孩子送到医院探望他的母亲。值得高兴的是，孩子的母亲经过一系列手术恢复得不错，男孩去年中考考入了理想学校。虽然我们已经分开了，但每逢放假，他依旧会来找我谈心，家长在孩子成长和学习方面也会征求我的建议。

作为一名新时代青年，一名奋斗在教育一线的共产党员，我将用我的知识点亮教育的火焰，用我的爱心为学生扬起理想的风帆。

（作者工作单位：泊头市第二中学）

军人风骨浸透家风家训

◇ 高娇阳

好的家风犹如无言的教育、无形的规约、无声的力量，潜移默化熏陶心灵、塑造品格。2020年底，我入职石家庄市高新区第四小学，每天除了上课，就是听李立敏老师讲她家的故事，听到最多的要数她公公张梦武的家风故事。

1963年8月，张梦武怀着一腔报国情，积极响应国家号召参军入伍，磨炼出不怕艰苦、不怕牺牲的品格，并成为一名光荣的共产党员。复原后在正定县革委会组织的宣传队工作，投身到建设家乡的事业中。他并没有因为自己是一名退伍军人而有任何优越感，每天一有空就向当地的老党员、老干部虚心请教，谦虚的学习态度一直延续至今。后来，张梦武转到学校工作，1990年到大西帐小学（现为石家庄市高新区第四小学）工作。当时的大西帐小学校舍简陋，师资匮乏，教育理念落后。张梦武深知知识的力量，每每接到家长的退学申请，都会在学校门前站立半天，回家也茶饭不思。他在心里作出一个决定，一定要让全村适龄儿童走进学校、接受教育。之后，张梦武开始在课余时间走村入户，面对贫困户的"闭门羹"也从不放弃，想方设法与群众打成一片，将工作推动下去。看着走进校园的孩子们一张张稚嫩的笑脸，张梦武内心仿佛重生了一般。

解决完生源问题，学校简陋的环境又难住了他。一到下雨天，教室外面就是一片泥田，孩子们每一个踉跄都牵动着他的心。他开始一边教学一边修路，放学后还让家人来帮忙，就这样，一条平整的道路最终直通学校。随着人们生活得越来越好，一些不正之风开始蔓延。张梦武任小西帐小学校长一职时，有人请客吃饭都被他严厉拒绝，甚至为了不被群众塞东西，只穿没有兜的衣服。直到现在，张梦武都会说，最让他自豪的财富就是两袖清风。这种家风也让张梦武的儿孙在工作中如父亲一样清廉。

现在张梦武已步入古稀之年，享受生活的同时也不忘学党史，每天饭后都会和家人听党史，为家人讲一些革命故事。他时刻谨记自己是一名军人、一名党员，坚持自己的事自己做，并教育孩子从洗衣服、洗袜子这些小事开始，不纵容孩子饭来张口、衣来伸手。张梦武的儿媳李立敏老师也将自己的一生奉献给教育事业，临近退休依然坚持在教学一线，尽心尽责，只要没课就会埋头钻研课程，她不只按教科书上的知识备课，还根据学生的自身情况进行针对性教学。

平时，我们也特别喜欢和李老师聊天，每次交流总有收获。她家"甘于清贫、乐于奉献"的家风就吹进了我们的校园里，老师们纷纷向张梦武老师和李老师学习，坚守教育岗位，认真负责，不抱怨、不放弃。

（作者工作单位：石家庄市高新区第四小学）

爱国如家好家风

◇ 邢林平

2018年3月的一天,二姑思念父亲,唠家常般将一段故事讲给了后辈们。

爷爷1909年出生在贫穷落后的衡水市冀县(现为冀州区)东兴村,17岁从冀县师范毕业当上了教师,抗战时期加入中国共产党,当时不敢公开活动,做党的工作都是夜里走、夜里回。

一次,爷爷在走亲戚的路上被日本兵抓住,要看"良民证"。"这个'邢兰亭'一定是假名!手上没有老茧,一定是八路军!"日本兵当时就要把爷爷捆绑活埋。这时突然下起暴雨,日本兵只能暂停,如此三次都没有成功。后来经人指认,说爷爷是个老师,才被释放。

新中国成立后,爷爷始终以共产党员的标准严格要求自己,扶贫济困,热爱教育,正直善良。村里谁家有大小纠纷、红白事,都让爷爷帮忙协调、写文书,他都从不推辞。他的一名学生因父亲去世要退学,爷爷出面做工作,最终使这名学生没有辍学，后来还当了老师。

二姑说，类似的事情还有很多，三天也说不完。

爷爷为东兴村培养出大批人才，其中有不少人也当了老师。村里每年农历正月初一有给长辈拜年的习俗，爷爷在世时，每逢过年都要接待许多拜年的客人。那时候二姑很小，从初一到初五一直跟在爷爷后面迎来送往、跑个不停，忙得都没时间吃饺子，但心里高兴极了。

我的大伯也是共产党员，参加过冀县的工作队培训，去过不少村做党的工作，常年在外顾不上孩子和家人；大姑和二姑相继考入冀县中学，但都因家庭贫困等原因没有坚持到毕业，不过后来都断断续续当过村里的老师；叔叔曾经参过军，如今年纪大了，在村委会忙前忙后，也像爷爷一样为东兴村的乡亲们服务。

父亲虽然没读过书，但很有见识，写得一手好字，谁家有事他都会热忱帮忙。父亲从小重视我们的学习，小时候，我家柜子里放得最满的就是书和报纸，我当年选老师作为职业，也是爸爸的决定，现在已经教了22年，我会继续尽自己的绵薄之力，做好工作，回报社会。

我们这一辈人多是70后，赶上国家政策好，都上学读了书，工作涉及农工商各行各业，兢兢业业、各有所成。现在，家里的小辈也都到了考大学的年龄，每个家庭都重读书、勤奋斗。

二姑说，如今党的政策好，咱们都有幸福的生活，家里的人都要听听这些事，了解过去的不易和长辈的经历。

爷爷时常教育孩子要先做人、后做事，做一个对国家、对社会有用的人。从他那里，我们继承了爱国如家的良好家风，有这样的家风，我们感到无比荣耀，也应该一代代延续传承。

（作者工作单位：衡水市第二中学）

奶奶的誓言

◇ 焦蕾

我的奶奶今年93岁，是位普通的农村妇女。她自强自立、执着坚守，对中国共产党一直秉承坚定信念，我们家四代人深受奶奶的影响。

奶奶小时候生活艰苦，靠奶奶的母亲做手工、打零工勉强维持生计。回想过去，对比现在，奶奶总会感叹："真是天壤之别啊，没有共产党，哪来现在的好生活！不信党，还信谁？"抗日战争时期，奶奶曾积极从事地下工作。新中国成立后，她曾任生产队副大队长、妇女主任兼村里的出纳，还要照顾几位五保户老人。

奶奶和爷爷结婚后，爷爷去天津当学徒，奶奶肩上的担子越来越重，不仅要抚养三个孩子，还要赡养父母、公婆。奶奶的婆婆却处处挑拣奶奶的不是。后来，奶奶的婆婆患脑中风落下严重的后遗症，奶奶不但不计前嫌，还喂饭喂菜、按摩康复，细心照顾老人数年。

妈妈年轻的时候曾在储蓄所工作。冬天用煤炉取暖，每天晚上封火、早上掏灰，煤灰充斥在空气中，其他同事都会悄悄溜出营业室，等她把火烧好、桌椅擦干净后才进屋。时间长了，妈妈心里多少也有抱怨，回家就跟奶奶唠叨。奶奶说："那有什么？头发、衣服脏了再洗嘛。为什么只有你做？是因为你和其他人不同。这个世界上没有什么事能苦死人，也没有什么事能累死人，只要你伸出双手，那些苦和累都会自动往后退。"于是，妈妈在储蓄所的几年里，每年的煤炉都是她来清理。

奶奶常说，没有入党是永远的遗憾，因为总觉得自己不够资格。自己当不了共产党员，她要让自己的每个孩子都成为党员！

2018年，在奶奶90岁的时候，她的愿望实现了。我们每个人都慢慢成长为单位里的业务骨干、行家里手，不仅入了党，还都获得了令奶奶骄傲的荣誉。在我的儿子初中入团的时候，他曾说：我们全班同学的家长，只有我的爸爸和妈妈都是党员。那种自豪感在他的眉目间洋溢，都说父母是孩子最好的老师，在那一刻，我有了更深的感受。

我任职后的第一次廉政谈话是奶奶给我做的，那天晚上，我打电话给奶奶，她先是很平淡地说了两个字：不错。然后就是一通长篇："有职务了，有权了，以后就要更加注意，必须把握好自己，有荣誉要懂得推让……"那通电话我记得很清楚，47分50秒。

奶奶经历了我们国家最苦难、最困苦的时代，同时也见证了时代的发展。在她的心里始终装着一团火，有对美好生活的向往，有坚定的信念，她始终相信，有中国共产党的领导，一切都是光明的。

奶奶的勤劳朴实、尊老爱幼、宽厚胸怀，赋予了我们人生中的"第一桶金"，听党话、跟党走，更是她毕生的心愿，我们会牵着她的手，一起向前走！

（作者工作单位：中国人民银行安国市支行）

那一树石榴红

◇ 马 娜

那棵石榴树，记忆里一直都在那儿——卧室的窗外。儿时住在坡上的老房子里，那棵树就在窗前，后来盖了新房，父亲就将它"搬"到了现在的新家。总觉得，父亲无论走到哪里，都舍不下它。

8岁那年，又是石榴花开的季节，满树的花朵，就像一树绸缎，红得亮堂堂。我拿了个树枝胡乱拨弄着，想多打几朵石榴花下来捣碎了染红指甲。这一幕被父亲看到后，从未对我发过脾气的他一把夺过我手中的树枝，对着我的屁股狠打了几下。

父亲也是心疼，心疼石榴树，也心疼我。摸着我的头，给我讲了这棵石榴树的故事——

1937年7月7日，抗日战争全面爆发。9月24日，日本侵略者侵占沧州并进行了长达8年的血腥统治。时年，父亲的小叔（我的小爷爷）马庆援19岁，却已是八路军中的一名老战士。一次，小爷爷的战友从老家带来一个石榴，分给了他一小块儿，小爷爷觉得那是他吃过的最好吃的东西，便把那几粒石榴籽留了下来,种在了老房子的窗下,戏言:"等我有了侄子,这石榴够他霍霍的,嘿嘿……"

在那段岁月里,纵然食不果腹、战火无情,这棵石榴树却自此生根发芽。从未有人栽培,无人问津,自顾开花,一树火红,像极了小爷爷军刀上的红缨,抒写着那个年代这个村子里的一个别样传奇。

1939年秋,小爷爷和几位战友与日寇激战后,退到了村中的地道中。惨无人道的日寇竟然堵住地道口,用火将他和几位战友活活烧死。那一年,他21岁……这棵石榴树成了爷爷对小爷爷唯一的念想,爷爷去世时,特别交代父亲要照顾好这棵石榴树,看到它,就像看到小爷爷憨厚朴实的笑脸。

都说石榴树最怕冻,这么多年来,这棵石榴树也是被冻死了几遭,但奇怪的是,来年春天,它总能重新钻出新芽儿来,然后重新开花、结果,反反复复,从未认输。

听完,我哭了,不是因为疼,也不是因为委屈,而是内疚。看着满地被打落的石榴花,我把它们一一捡起,捧给父亲:"爸爸,我以后要替你好好照顾这棵石榴树。"父亲蹲下身,郑重地对我说:"爸爸希望你也像这棵石榴树一样,不管遇到什么困难都不要放弃,即使失败了,也要鼓起勇气,从头再来……"

转眼间,到了2021年,建党100周年,父亲时常会感叹时间过得快。如今,父亲已是一名有着31年党龄的老党员,他最喜欢做的事还是照顾这棵石榴树,不时给它修剪一下枝丫,培培土、浇浇水。他总是会站到石榴树下,就那样仰头看着它,看它红了一遍又一遍。

而我自2005年入党至今,也已经16年了。入党,一直是一个前进的方向,似乎总觉得这是必须的。大学毕业后,我如愿以偿成为一名人民教师,教书育人,在自己的岗位上做着平凡而伟大的事业。

  我也时常会给我的女儿讲石榴树的故事,告诉她要像爱护自己一样爱护石榴树;告诉她做石榴树一样的人,平平无奇,不骄不躁,带着这红色的信念去走好人生的每一步;告诉她,这红色的故事是这个院落的故事,这个村庄的故事,也是中国的故事……

(作者工作单位:沧州渤海新区实验小学)

永远铭记血与火的岁月

◇ 巴连甲

我叫巴连甲,出生在海兴县小山乡张皮村的一个革命家庭。

抗日战争时期,我爷爷担任村自卫队队长。1943年,爷爷带领自卫队把八路军的手榴弹藏在东场的地窖里,面对日本鬼子的威逼利诱,始终闭口不言。凶狠残暴的日本鬼子在爷爷身上砍下数刀后离去,爷爷九死一生,保住了八路军的弹药。

受爷爷英勇无畏的精神和爱国情怀的影响,1978年3月,从小便立志参军、报效祖国的我终于穿上军装成为一名海军战士。1981年,在国防施工突发洪水的紧急情况下抢救国防设备,荣立三等功。

1983年复员回乡后,为发扬海兴革命老区精神,我积极筹建革命档案室,多次拜访当年的抗战老兵和见证当年历史的老人。为查询烈士的真实姓名,我多方奔走,只为确保每一个曾经拼死奋战的身影都能留下他们光荣的名字,一年多的时间收到150封老干部们的回忆录,为筹建革命档案室提供了极大帮助。

筹建档案室并非一帆风顺,旁人不理解,甚至还有说我是倒卖老物件赚钱的。我对这些只是无奈一笑,内心却有一个声音说:这是我的使命,这是在抢救历史,是给过去那段血与火的战争岁月一个交代,是为了让后代子孙珍惜现在和平幸福的生活,要永远铭记那些舍生取义的革命先辈们。

寻找李鸿儒烈士生前资料时,起初他的亲属并不信任我,多次请求均未提供。经过我一遍遍解释成立档案室的目的和想法,并用人格一再担保后,最终才将那张烈士照片和生前的两封信陈放在了档案室。

档案室成立后,很多本村和邻村的村民都来借读资料,资料不够我就自己出资复印,还把演讲的内容录制成光盘,将这段光辉岁月讲给更多人听。

2011年,我建议张皮村党支部建立烈士陵园,给牺牲在张皮村的八路军战士和在外牺牲的张皮村籍烈士英灵一个最终的归宿。由于村里资金困难很难落实,我带头组织捐款,在社会各界的大力支持下,烈士陵园建成了。

"发扬前辈的爱国主义精神,好好学习,立志成才,报效祖国。"祭奠仪式当天,学生们在烈士墓碑前庄严宣誓,我的内心涌现出前所未有的满足感,感觉自己此生的责任和使命就在于此。

在我的带动影响下,在中交一航局一公司工作的儿子巴胜祥,敬业奉献、爱党爱国,于2020年成为一名光荣的共产党员;女儿巴健,2010年至今一直在张皮小学担任教师一职,10多年来对工作精益求精,为人师表,乐于助人。

2021年,为迎接建党100周年,在上级有关部门的大力支持下,张皮学校创办了以"弘扬老区精神、传承红色基因"为宗旨的红色教育基地，女儿作为管理员和讲解员与我连续数日多处走访和参观，广泛搜集和整理材料，以满腔热忱投入到红色教育的传承工作中。

"老骥伏枥，志在千里；烈士暮年，壮心不已。"我虽已年老，但使命仍在，将继续挖掘红色资源，将红色基因代代传承下去！

（作者系海兴县小山乡张皮村村民）

一家三代跟党走

◇ 姚宗连

1907年,肖炳林出生在涿州市北泽畔村的一个普通农民家庭,1940年入党,是家里的第一个共产党员。如今,这个家庭已经有51名共产党员,他们在国家建设发展的不同时期、不同岗位上发挥出共产党员的先锋模范作用。

肖炳林1931年开始参加抗日救国运动,1939年成为一名八路军。一天,日伪军纠集重兵,对房涞涿根据地进行大扫荡,在与日伪军敌强我弱的生死搏斗中,根据地被敌人重重包围。肖炳林时任第二中队队长,带领的50余名队员打散了,自己也被敌人的子弹击中脸部,打掉了两颗门牙,鲜血流了满身。他临危不惧,撕掉上衣、堵住伤口,带领留下的队员继续顽强斗争,最终冲出重围,脱离危险。

战火中,肖炳林的信仰更加坚定,革命意志更加坚强。不久,他成为房涞涿联合县武装大队长、平西独立团团长,带领战士捉特务、除汉奸、端炮楼、炸火车、毁据点……很快，肖炳林打出了名声，吓得日伪军"谈肖色变"。

1944年8月，日伪军贴出告示，5000元大洋悬赏肖炳林的人头或提供肖炳林的藏匿线索，但一无所得。日伪军抄了肖炳林的家，将粮食、衣物等全部搜走，对其父母软硬兼施，意图逼肖炳林就范，肖炳林的父母都坚持说"不知道"。经过连续几天的威逼拷打，日伪军毫无所获，气急败坏地将肖炳林的妻子、父母、岳父母等一家九口人抓捕，投进县城监狱，一家人受尽酷刑。

妻子的祖父指着日伪军气愤地说："你们就死心吧，想让我供出肖炳林，没门儿！"日伪军惨无人道地放出狼狗，老人不幸惨死，其他8个亲人目睹了这一惨状。经过8个月的折磨，一无所获的敌人将奄奄一息的几人放回家中，继续派特务追寻肖炳林的蛛丝马迹。

肖门抗日，个个英豪。肖炳林的大弟肖士杰，在抗战时期是党的地下交通员，专为八路军送情报，将老百姓的捐款、献粮、衣物送往战斗前线；二弟肖炳智考入燕京大学后，受共产党和家庭影响积极抗日，被列入敌人逮捕的黑名单，为保护进步学生，党组织将其送到抗日军政大学分校，新中国成立后，又将其分配到当地矿务局子弟学校任校长。

好的家风如春风化雨，于无声间代代相承。肖炳林的长女肖凌云、次女肖金芝先后参加革命，长女婿王凌涛、次女婿康玉山参加了抗美援朝；儿子肖金铎于1950年10月参加抗美援朝，编入奇袭白虎团，对敌英勇作战，立下战功。

肖炳林大弟肖士杰的长女肖金秀、长女婿任其方，于北京医学院毕业后响应国家"到祖国最需要的地方去，到最艰苦的地方去"的号召，志愿申请到青藏高原工作。夫妻双双把青春年华奉献给党和藏族人民，被当地群众称为"人民的好门巴（医生）""扎根在西藏的一棵小草"。

"今天，历史的接力棒传到了我们这一代手上，我们更应该珍惜这笔财富，用红色激情拥抱时代、拥抱事业，让红色基因代代相传，永不变色！"肖士杰在某部飞行学院任职的孙女、孙女婿这样表示。

（作者系涿州市委宣传部退休干部）

红心向党薪火传

◇ 王皎

我的外公是一名普通战士，1944年参军入伍，在晋冀鲁豫野战军司令刘伯承、政委邓小平的带领下，先后参加了淮海战役、渡江战役等几十场战役。1949年加入中国共产党，为党的事业奉献一生。

外公的生平履历看似平凡，但对我有着非凡的意义，影响着我的一生。

小时候，我在外公家长大，我成长的每一步都离不开外公外婆的教诲。我最早接触到的启蒙书籍，就是《毛主席语录》《共产党宣言》；最先会唱的歌谣，就是《卖饺子》——"挑着个担子去赶集耶，卖给那当兵的！"

儿时的我，在外公的熏陶下，有着异于同龄人的梦想。小伙伴们都想长大后当老师、科学家、宇航员……而我却想要像外公一样，可以"有地儿交党费，有书背党章"，胡同里大小事都能热心地站出来说："别急，有我呢，咱是党员！"

那时我并不了解"共产党"这三个字的真正含义，只知道它代表着一种无上光荣，因为"没有共产党就没有新中国"；还知道它代表着一群勇敢坚强的人，因为外公经历那么多硝烟战火，直到垂暮之年，体内还有四块弹片没有被取出。

2006年，我考上大学。录取通知书寄到家中，外公特意戴上老花镜，反复摩挲着大信封，看着上面每一个烫金的字，欣慰地说："好啊，俺小皎儿考上大学啦，能入党啦！"这句话成为我进入大学的第一个目标。当班长、考第一、勤工俭学、创优争先……2008年5月12日，我终于站在鲜红的党旗下宣誓，成为一名共产党员时，内心却承受着巨大的悲痛——

那天，汶川大地震，祖国无数同胞罹难；

那天，外公病卧床榻，意识都不清醒，还惦记着让我爸去帮他交党费，帮他给灾区捐款；

那天，我爸含泪走出医院，为外公交了五百元党费，他将收据递到外公颤巍巍的手中，了却了老人最后的心愿。

2010年，我大学毕业，以优异的成绩考入故城县郑口镇政府，成为一名基层干部，成了离老百姓最近的"官儿"。

转眼十一年，在基层工作的近四千个日夜，从一个肩不能扛、手不能提的娇娇女，到带领群众攻坚克难、脱贫致富的党员干部，走得辛苦，却步步坚定。因为"共产党员"不光是外公一生的信仰，更是我童年时的向往、成年后的担当。

这份不忘初心的传承，更让我在工作中鼓足干劲，也更欣喜于我们的工作成绩——扶贫工作由全省落后县跃居为全国知名县；工业发展再不是以前的高污染、小作坊，而是通过良好的营商环境，引来多个超亿元大项目落地；农业向多元化产业链发展，在种植、养殖、深加工领域都有了自己的龙头企业；棚户区改造让县城旧貌换新颜，城市建设工作也有了飞跃式发展……

在基层的锻炼中，我终于长大成为百姓的贴心人、单位的骄傲、家庭的顶梁柱。2020年，我以优异的成绩考入故城县委宣传部，在新的工作岗位上，我希望更好地发挥所长，把党的好政策传递给千家万户。

我的两个女儿从小喜欢听红色革命故事。我告诉她们，最快乐的成长就是戴上红领巾奔跑，最华丽的梦想就是长大后报效祖国，让孩子们在耳濡目染中接受爱国主义教育，让这颗爱党爱国的红心世代传承。

（作者工作单位：故城县委宣传部）

父母是我们最好的榜样

◇ 李增廷

我的父母是老党员、离休干部，他们为党、为国、为家奋斗一生，是好家风的倡导者，更是儿女心中践行好家风的榜样。

父亲李春雨任饶阳县委书记期间，经历了1963年特大洪灾的考验。那年8月初，饶阳县七天七夜连降暴雨，上游急需大量泄洪，情况十分危急。组建抗洪抢险队伍、安排物资转移、部署人员保卫工作……面对急难险情，父亲镇定自若、忙而不乱，并动员1.57万人分赴南堤、北堤和行洪道做好分洪准备。

接到分洪命令后，父亲紧急赶赴现场指挥。面对村民不忍扒堤分洪的行为，父亲顾全大局，亲自做群众工作，在确保所有群众安全撤离后，组织扒堤分洪，"与县城人民同生死共存亡"。那段日子，他不分昼夜坚守一线，加固堤坝，巡堤查险，直至抗洪胜利。

当时我只有10岁，因为年龄还小不能参加抗洪抢险。已经上高中的大哥参加了抗洪，还被学校评为"抗洪模范"。每当大哥讲起这件事，总是很激动，为有这样的父亲而自豪，也为能成为父亲麾下一名"小兵"而骄傲。

我的母亲王玉华，多年从事公安预审工作，始终坚持重证据、重调研，严格履行法律程序，坚持依法办案。我曾亲眼看到她拒收涉案人员的礼品，婉拒被洗清冤情的人登门致谢。正是因为母亲坚持原则、信仰坚定，生前她多次受到表彰奖励。

在组织的培养教育和红色家风的熏陶下，我于1972年参军入伍，1982年调入衡水军分区干休所卫生所工作。2000年4月，为改善军队离休老干部医疗条件，我承担起卫生所改造达标任务。在全所同志的共同努力下，当年9月，全军干休所医疗部门达标验收和技术考核时，我们一次性全部达标过关，受到了全军通报表彰，荣立了集体三等功。

非常感谢父母给我们兄弟5个一个幸福美满的家，他们为我们树立了忠诚于党、奉献为民的好榜样。离岗不离党、退休不褪色，在党的培养教育和父母的言传身教下，我们在各自的岗位上做出了应有的贡献，也将接过接力棒，继续传承红色好家风。

（作者系衡水市军休一所军休干部）

一心装满爱 一瓦顶成家

◇ 吴 琼 刘六良

一心装满爱，一瓦顶成家。带领大厂评剧歌舞团艰苦奋斗、不断红火的赵德平，与妻子相敬如宾、鹣鲽情深，如今拥有一个四世同堂的大家庭，全家人互敬互爱、积极进取，红色文化浸润着这个和睦的大家庭。

20世纪80年代，赵德平临危受命，出任大厂评剧歌舞团团长。多年来，他把大厂评剧歌舞团从一个濒临解散的县级剧团办成了全国文化战线上的一面旗帜，创作了大量关于农村题材，反映时代主旋律的影视和舞台作品。

相比众口皆碑的赵德平，妻子孟秀兰就很少有人知道。对于"工作狂"丈夫，孟秀兰并没有一味抱怨，而是几十年如一日默默地关心、理解、支持丈夫的工作，无怨无悔地承担起家庭重担。她把家里、地里所有的活儿一个人承担下来，白天下地，晚上还要做针线活儿。

改革开放初期，赵德平投资开办了个体工厂，做得很红火，一个月有两三万元的收入。1982年，县领导找到赵德平，想让他担任剧团团长，带领剧团走出困境。如果接下这副担子，就要放弃自己收益颇丰的企业，赵德平思虑再三，决定回归自己喜爱的艺术领域。看到丈夫态度坚决，孟秀兰也只能依了他。

为解决剧团演职人员的住房困难，赵德平想尽办法为大家盖起了一座家属楼，长期生活在农村的孟秀兰想随大家一同住进去，享受住楼房的宽敞和舒适。赵德平却提出要把自家的楼让给一对准备结婚的年轻演员。为此两人僵持了一段时间，最终还是孟秀兰让了步。

孟秀兰和赵德平一样，也把剧团当成自己的家，把剧团的成员当成亲人。她种了一个大的菜园子，经常把新鲜的蔬菜送到剧团，食堂用不了就送给大家，每人一份。

多年来，赵德平时刻牢记自己的党员身份，注重发挥模范带头作用。他创作的《水墙》演出后大获成功，获得中宣部精神文明建设"五个一工程奖"等多项国家级大奖，他把该部戏的稿费全部拿出来为村里修路。

"堂堂正正做人，踏踏实实做事"，朴实无华的12个字是赵德平的家训。夫妻二人在教育孩子上却出奇地一致，赵德平对孩子们近乎苛刻的要求也得到了孟秀兰的认可，有意引导孩子们健康的心理，注重培养他们的独立意识和能力，不让孩子们过多地遮蔽在自己的羽翼下，给予他们足够的空间去发挥所长。在赵德平的教育观念下，孩子们都在外面独立创业，没有从事与他相关的行业，但是都干得有声有色。

回顾过去，他将大部分时间和精力都投入到了艺术工作和关心下一代的工作中，渴望能将优良作风一代代传承下去。这种传承一直体现在赵德平的家里,最让他引以为傲的是,他的儿孙里共有五人先后入党,都在不同的岗位上默默耕耘,践行着老老实实做人、踏踏实实做事的家风,成为各个行业的中坚力量。

(作者工作单位分别为廊坊日报社、大厂评剧歌舞团)

接过父辈的责任和担当

◇ 周建昆

每个家庭都有自己的家风，有人说家风是尊老爱幼，有人说家风是和睦友善，还有人说家风是诚实谦逊。在我的记忆里，家风就是艰苦奋斗、无私奉献，爷爷和父亲不太会表达，却用行动影响着我。

听父亲说，爷爷工作时的赵各庄矿很小很简陋，条件非常艰苦，全凭着人力去解决所有难题。即使是在那样困难的处境下，爷爷那一辈人依然干劲十足。用父亲的话说，他们老一辈有着一种千锤百炼终成钢的果敢和坚毅。当时，高强度的夜班根本没有休息时间，爷爷回到家经常是累得一句话都不愿说。当年幼的父亲问他坚持工作的原因时，他总是说："多少战士用自己的鲜血换来的新中国，我们一定要用生命来守护！"每当看到爷爷那坚毅的眼神，父亲心里劝说的话就咽了下去。

爷爷那一辈艰苦奋斗的故事感动和影响着父亲这一代，并被他们这一辈赋予了新的含义，那就是忘我的无私奉献精神。在父亲43年的工龄里，见证了唐钢从无到有、从有到优的快速成长过程。这个过程中，父亲这一辈人无私忘我的精神都清晰地印在我童年的回忆里。

父亲是一名唐钢工人，再平凡不过的小岗位，几十年如一日为企业发展发光发热。从我记事起，父亲的生活好像就一直沿着两点一线的轨迹行进着，迎着朝霞去上班，踏着余晖回家。父亲的爱好不多，亲朋好友总说，他工作起来认真的那个劲儿特别像我爷爷。

艰苦奋斗、开拓进取，那时候，年幼的我虽然对这两个词汇的含义并不能完全理解，却从爷爷和父亲身上依稀感受到一股相同的力量，那种力量在成年后的岁月里始终推动我不断向前。

几十年过去了，如今父亲已退休多年，却仍然热爱着这份职业。父亲那一代人最常说的就是"以厂为家"，真的将企业当成了自己的家庭来呵护，那份忘我的真诚也一直感染着我。

小时候，父亲对我的学业十分在意，常说："建设好我们的国家，一辈靠胆，二辈靠力，三辈就要靠智，你们这辈长大了要靠智慧去建设企业、壮大我们的国家！"多年后的今天，我也亲身验证了父辈们的话，身边无处不在的高科技已经完全融入我们的生活，智能制造也已融入了我们的生产。爷爷那辈人靠着艰苦奋斗去守护，父辈人靠无私奉献去建设，我们年轻一辈就要靠智慧才能和进取精神，来建设我们的企业，建设我们的国家。

长大后，我接过父辈们的责任和担当，也成为一名企业工人。一路走来，我一直牢记父亲对我的教诲，老老实实做人，踏踏实实做事，做一名有益于国家、有益于社会的人。

（作者工作单位：唐山三友集团兴达化纤有限公司）

苦干实干，做有益于人民的人

◇ 张春华

这是一个红色基因哺育了我们一家三代人的故事。

我的老家是四川省大竹县，大家都熟悉的江姐和她的丈夫都在这里留下过战斗的足迹。1939年，奶奶林大贤加入了中国共产党，当时19岁的她以小学教员的身份作掩护，担任党的地下交通员接转情报，多次完成了极为重要而艰险的任务。1948年11月，国民党反动派在大竹成立了川东北"清剿"指挥部，残酷镇压革命武装，屠杀革命人民，使全县笼罩在"清乡"的恐怖氛围中。奶奶被叛徒出卖，不幸被捕。在狱中，她拒不交代她的任务和上下级，遭受了敌人的多种严刑拷打，多次昏死过去，却从不屈服。

1949年6月，在川东黎明的前夜，奶奶面对敌人的枪口英勇就义。新中国成立后，党和政府将她的遗骨安葬在达州烈士陵园中。

小时候，父亲经常给我讲："你们有一位为

革命牺牲的好奶奶，她慈祥的音容笑貌和坚贞不屈的革命精神永远铭刻在我心里，你们也要铭记奶奶的英雄事迹，将来做一个有益于人民的人。"

的确，我的父亲也正是怀着这样的信念走进地质队伍的。1963年，他从成都地院毕业，响应党的号召，从天府之国来到遥远的河北，与母亲甘当牛郎织女，劳燕分飞二十年。

初到河北，父亲分到承德四队，从事找矿工作，常年奔波在野外，一干就是十年。1973年调到综合研究地质大队，曾作为主要人员绘制出版了《河北省地质图》《河北省构造体系图》《河北省基性、超基性岩分布图》。中国科学院长沙大地构造研究所主办的《大地构造与成矿学》1985年第6期全文刊登了父亲的论文《华北地洼邯邢式铁矿构造分析》。

直到1983年，我们全家才得以团聚。我们一家五口挤在一间10平方米左右的小屋里，夏天像火炉，冬天似冰窖，吃饭都转不开身。母亲是普通家属，没有工作，全家就靠父亲微薄的工资生活，还有三个孩子要上学，艰苦和窘迫可想而知。但父亲从不怨天尤人，也从不以革命烈士子女身份来为自己谋取利益。

我们前脚刚来，父亲就要带队外出。他带着两个刚毕业的大学生到兴隆一带野外考察，因脚关节长了骨刺，每走一步都钻心的疼痛。白天爬山过岭、攀岩过沟，晚上回到驻地，吃过晚饭就趴在炕上就着昏暗的小油灯描图和整理资料。父亲潜心钻研的学术成果、获得的荣誉和尊重，对我们都是极大的鞭策和鼓励。

父亲身上苦干实干的精气神深深影响着我。1985年，我也走进了地质队伍，被分配到队化验室。室里的老领导、老同志都是我的师傅，他们手把手地教，悉心指导，让我很快掌握了很多业务知识和专业技能。

先烈回眸应笑慰，擎旗自有后来人。继承革命传统永远是我们前进的动力，我们会时刻牢记党的宗旨、党的使命、党的初心，永远不忘传承红色基因，从中汲取奋进力量。

（作者工作单位：河北省地矿局第七地质大队）

艰苦创业三代人

◇ 柴 朝

2021年是中国共产党成立100周年，作为一名华北油田人，心中百感交集。从爷爷到父亲，再到我，我们三代油田人扎根于家乡任丘，见证了华北油田几十年的发展。

爷爷曾经是一名军人，随部队走过很多地方，战争结束后转业回到家乡。爷爷说，还有许多像他一样的爷爷们没有回来，为了国家的安全，他们把青春献给了国家，更把自己的生命献给了祖国。

爷爷听到家乡油田的建设和开发需要大量人力后，第一时间报名参加，成为我们家第一名油田人。1975年，华北油田会战指挥部成立，各路会战大军齐聚任丘，高产油田一口接一口地投产，华北的油田会战取得了前所未有的成果。爷爷仿佛再次变得年轻，浑身充满了干劲。在爷爷的带动下，我的父亲也在成年之后加入了油田的开发与建设工作，成为一名光荣的油田人。

在我的记忆里，爷爷每天都十分忙碌，他的身上总是带着一股独有的油气味道，对我来说，这种气味并不刺鼻，反而充满了温馨。每当房门被推开，紧接着一阵带有石油气味的风吹进屋内，我就知道是我亲爱的爷爷和父亲回家了。在难得的休息时间，爷爷就会坐在凳子上，把小小的我抱到他的膝盖上，给我讲自己在战争和油田建设过程中遇见的事。

有时我问爷爷："爷爷，你累吗？"

爷爷总是回答："不累，家乡好了，国家强了，咱们才能过上好日子。好多爷爷们打仗牺牲了，是为了这个，现在我们建油田也是为了这个。"

懵懵懂懂之中，我对油田充满了好奇，也对油田工人这份职业充满了憧憬。那时候条件十分艰苦，油田的工人们住的是牛棚，吃的是窝窝头，但与恶劣环境形成鲜明对比的却是他们建设油田的激情和决心。在我眼里，油田人都是像爷爷和父亲一样持续努力奋斗、愿意为家乡建设付出一切的人。

那是一段激情燃烧的岁月，无数油田人艰苦创业，为油田无私奉献。油田建设的精神也深深植根在每一个油田人的子女心中。许多人也像我一样，长大之后接过建设油田的火炬，成了新一代的油田人。

改革开放40年，华北油田发展46年，油田工人工作的环境和生活质量都发生了翻天覆地的大变化：从风餐露宿到集体明亮的员工宿舍、卫生整洁的食堂，从依靠人力到数字化科技化的智能油田。油田的发展举世瞩目，油田人的吃苦耐劳、辛勤建设，让华北油田旧貌换新颜。

三代油田人，一片爱国心。我和我的父亲、我的爷爷，一起见证着中国油田的数十年发展。同样，我们也相信，在未来，油田的火炬还将一代一代传承下去，油田人为国家奉献的精神也将会永垂不朽、亘古长存。

（作者工作单位：华北油田公司公用事业管理处山西工程处）

祖辈相传为教育

◇ 梁春娇

我的家庭是一个普通的教育世家。我们都非常珍惜现在这幸福安定、来之不易的生活,每个人在自己的岗位上兢兢业业,希望为祖国的和平安宁奉献自己的微薄之力。

故事先从外祖母讲起,老人二十几岁开始在村里小学堂教孩子们识字,到50多岁近30年的时间从没拿过一分钱的报酬。外祖母语重心长地说:"这把尺子是用来提醒你两点:一是对所有的学生要一把尺子量到底,公平对待每一位学生;二是要常用这把尺子量量自己,是不是对每个孩子都尽心尽力了。"在妈妈走上讲台第一天,老人家把从来没用过的戒尺送给了她,再后来我上班的时候,妈妈又给了我。

我的妈妈赵玉琴,16岁从保定师范学校(红二师)毕业,先后在东马池小学、南大园总校、樊庄乡总校等偏远学校任教。当时交通条件很不方便,妈妈常常一出门上班就是一整天,我们也常常会几天见不到她，因为早上她出门时我们还未醒，等晚上我们睡下了她还未归。

近 40 年，妈妈几乎走遍了保定市的郊区学校，不仅是她的学生一直记得她，就连家长也都念着她，现在她老人家转一遭早市，车筐里不知不觉间已被放满了他们自家种的菜。爸爸经常开玩笑称不敢同妈妈一起散步，因为妈妈路上会遇到很多熟人，每个人聊上三五句还没开始散步就已经到了回家的时间。

妈妈现已年近八旬，还在关心关爱着周边的孩子们：卖肉的老王家的孩子四年级了成绩不好，她吃了晚饭去辅导；环卫工人老周的老二初中生活不适应，她丢给讲方法……这种事情多到说不完。她还每年把简报和搜集的教育方法整理成册，给那些进城务工人员阅读，周围的人们都亲切称呼她"知心大姐""知心阿姨"。

在外祖母的耳濡目染和妈妈的言传身教下，我从小就立志当一名老师。1991 年考入保定师范专科学校，1993 年分配到育德中学，成了育德中学历史上"小学科"任班主任的第一人。几年后，因学校缺少数学教师，我临时转岗为数学老师，一干就是 6 年；之后，地理学科纳入中考，又服从学校安排回到地理教学岗位上。

来来回回，个人利益受到了一些影响，但外祖母和妈妈告诉我："吃亏是福！教好课、教好学生是根本，名利都是虚的，可有可无。老师最幸福的时候不是拿到奖状的时候，是学生成人后一句感激的话语。"随着孩子们长大，看到自己的学生在各行各业出色的表现，看到他们生活的幸福，真的比什么都开心，不后悔当初所作的选择与决定。

2013 年，在一次重要宣讲活动中，学校为没有人担任校史讲解员犯了愁。虽然当时是女儿的高考年，但看着大家为难的样子，我主动请缨接下任务,紧锣密鼓着手准备,最终获得各级领导的好评,被授予"保定市五四青年突击手"称号。

我们一家人和每一个深爱着祖国、深爱着党的人们一样,始终保持坚定信念,坚守为人民谋幸福、为民族谋复兴的深厚情怀,默默地做好自己的本职工作。

(作者工作单位:保定市育德中学)

父子俩的口头禅

◇ 许素贤

2021年1月15日凌晨3时许，老公突然接到单位报修电话，还未来得及说清情况就已穿好衣服急匆匆出了门，背影又一次淹没在夜里。

我的老公郝国军是国网井陉县供电分公司王庄供电所的所长，由于特殊的工作性质，类似的情形时有发生。工作以来，他的手机一直保持24小时不关机，一个个紧急的报修电话就是命令，即使半夜三更，也要随时赶赴单位组织人员抢修。为了保障百姓用电，像遇到冰雹、大风、扬沙等恶劣天气，或者每逢除夕、春节、中秋节等全家团圆的节日，他总是坚守岗位，做好服务保电工作。

"对不起媳妇，又不能回家陪你们了。"多少年来，"对不起"早已成为他跟我交流的口头禅，时间久了，我也慢慢理解。

有时候跟婆婆念叨起这些事，婆婆总是抿着嘴笑："你爸（我公公）退休前不也是一样的吗？也经常对我说'对不起'。"20世纪80年代，为了能及时收上税，很多情况下都需要下乡到各村庄各商户实地收税，公公骑着自行车转遍了税务所下辖的各个村庄。

收税、开票、汇总账……公公在小作税务所当会计时，经常加班加点，负责九个公社的经费报账往县里汇总拨经费。每月结账经常干到凌晨，有时为了一分钱的账目不平，仔细查找一整晚，白天照常骑自行车下乡跑遍每个村庄收税，有时还捎带着帮税户解决一些棘手问题。正因如此，我公公在婆婆眼里也是一个"不着家的人"。

求真、务实、敬业、乐于助人是领导和同事给予他的评价，这些品质也在潜移默化中影响着他人。正是因为在工作中高度认真负责、一丝不苟的作风，公公得到领导的赏识，1984年入了党，先后被派去地区干部学校和省经济管理干部学院学习深造。公公常说，干一行就要爱一行，老老实实做人，踏踏实实做事，要不愧于身上穿的那身税务干部制服。在他任城关税务所所长期间，带领全所人员创建了省级文明税务所，并在全市税务系统作了创建典型发言。

80年代时，公公一个月休息四天，难得在家的四天还经常碰上阴雨天，做不成农活。因此，也经常听到公公对婆婆说："对不起呀，没帮你干成活。又是庄稼地，又是孩子老人，都是你照顾，辛苦你了。"婆婆也总是理解支持公公的事业，默默地撑起一个家，让公公放心，专心干事业。

因此，"对不起"，成为父子俩的口头禅。直到公公退休有时间好好陪婆婆的时候，公公的口头禅才慢慢消失。现在能经常看到老两口一起漫步夕阳，一起照看儿孙。虽然，"对不起"成了老公口中的高频词，经常加班回家很晚，但回家后总是争着做家务，用实际行动来补偿我跟孩子。

这一声声"对不起",不仅包含了对家人的歉意和爱意,更传承了对国家事业的忠于职守、责任担当,体现着爱岗敬业、甘于奉献的红色家风。

(作者工作单位:井陉县第一小学)

我们的"家庭擂台赛"

◇ 刘学良

父亲刘惠庭在家排行老三,出生于武强县西刘家堤村。在解放战争时期加入中国共产党,当时17岁。他以教书作掩护,发动群众筹措军粮、参军支前,使我们村成为支前模范村。

父亲留下一个家规:"干事就要干出个样子,咱不缺胳膊不少腿,凭什么落在别人后边?"这种永不服输、永不言弃的精神时刻影响着我。

妻子刘彩霞3岁时因脑炎导致下肢瘫痪,左上肢也因此不再灵便。她天生一副倔脾气,从不因为自身缺陷而自怨自艾,还以积极的态度面对生活,事事不服输,不仅自学了小学至高中的全部语文课程,还自修剪纸艺术。1986年我们结婚之后,家父的事迹时常被我提起,也深深感染着她。有一天,她郑重地对我说:"咱们搞个内部比赛,看看谁先攻下省级报刊吧。"我们的"家庭擂台赛"就此开始。

"我业余搞通讯报道已有几年,也算是小有

成就，还比不过你一个没进过校门的'业余选手'吗？"看她那个认真劲儿我不禁笑了，但事实证明是我小瞧了她。读名著、翻字典、做笔记……每天都学习、写作到深夜，看她那么刻苦，我也不敢怠慢，一有空就下去采访，捕捉有价值的新闻。

寒来暑往，妻子的2篇小说和5幅剪纸先后被辽宁的《文学之友》《鸭绿江》和河北的《青春岁月》刊登；我也小有成绩，5篇通讯报道被《河北日报》《河北科技报》《河北人口报》采用。看着寄来的样报，妻子并没满足："质量还有待提升，今年比看谁的作品能获奖。"

看到妻子的坚持，我只好奉陪，暗下决心增加平时看书时间，一篇稿子写成后定要改上多遍，直到满意为止。功夫不负有心人，妻子的一幅剪纸被《文学之友》刊于封底，并获得"蓓蕾奖"证书；我的一篇稿子也荣获《衡水日报》"白龙奖"一等奖。

兴奋过后，妻子立马又有了一个新的更大的目标——冲刺省级大奖。为此，我俩都铆足了劲儿。终于，我的一篇通讯报道荣获"河北好新闻"一等奖；妻子的剪纸作品荣获"河北省民间美术展赛三等奖"，受到省文联奖励。看着我的证书，妻子很是为我高兴，从她的眼神中可以看出，她仍旧不会服输，还要继续创作出质量更高的作品。

我和妻子的"持久战"慢慢影响到了女儿，她表示也要加入我们比赛的行列。

2001年，女儿刘笑扬刚满8岁就要跟我开展厨艺比赛，看谁做的饭菜好吃，几次比赛下来，培养了女儿做饭的兴趣和自立的能力；在学校参加完学雷锋活动，回到家又跟我开展做好事比赛，这也让女儿从小就能为他人着想、乐于帮助他人……

"家庭擂台赛"使我们收获满满，各种奖杯、奖牌摆满了书橱，这些都是我们家风的见证,也是我们在岁月的长河中共同努力的结果。

如今,我和妻子虽然已是花甲之年,但我们的擂台赛却没有结束。我俩加入饶阳县阳光志愿者协会,为志愿服务事业奉献余热,在继续拼搏的道路上赓续好家风、再创新佳绩。

(作者工作单位:饶阳县文明办)

老秤传家风

◇ 陈文升

我家有杆老秤，年代久远，还是十六两制的，它是父辈红色家风的传承，是我懂事理的启蒙，已让我受益大半生。

那杆老秤是20世纪50年代二姑家在县城做粮食加工生意时用过的。二姑家要迁居北京，家里剩下的东西让亲戚们任意挑选，父亲只要了那杆老秤。父亲跟我说："人心如秤，买卖才公平，天下才太平。"父亲在用秤时常常叫上我。父亲借人家豆种时称一称，秤杆只能低不能高；还人家豆种时称一称，秤杆只能高不能低。做小买卖的和买方犯了口角，父亲就会拿出老秤，十有八九，买的脸上露出笑容，卖的臊得满脸通红。

父亲教我用秤时说："用秤如做人，不能昧良心。你看常来咱村的'在党'（共产党员）区干部，心眼儿正得就像这秤，疾恶如仇、爱护百姓。你要多念书识字，将来也'在党'，为百姓办事。"

上高小时，我写过一篇作文《我家的老秤》，老师当范文读给全班同学听，让我萌生了上大学、当作家的梦想。出人意料的是，1960年，我读初中时，公社校长来校急招一名代课教师，而且第二天就要上岗，老师选中了我，我却摇了摇头。老师给我做思想工作时，我想起老秤，头脑里闪现出当年父亲因当村干部为八路军办事，被汉奸告密险些丧命的经历，想起解放青县时有的指战员就住在我家里，战斗中牺牲的三位烈士还埋在村东玉皇庙台的情景，心如潮涌，当即答应下来。

次日早上，父亲把从老八路王长起家借来的20元生活费掖进我的衣兜说："要像区干部那样把心眼儿放正，好好干，别犯错。"一夜之间，我由学生变成了老师。在三年困难时期，先后从教的13位同学大都辞职回家，我却勒紧腰带挺了过来。往后的日子，只要我回家，父亲总会拿出老秤擦拭。这时，我彻底读懂了父亲的用意。

1972年4月，我被批准为正式党员，1984年，父亲病危，临终含泪跟我说："你小弟还没成家啊！"我忍痛劝父亲："我心里装着老秤，您就放心吧！"我在家排行老大，协同弟弟妹妹们帮入伍复员的小弟就了业、娶了妻。

"诚信为本，谋事做人"的家风我一直铭记于心并践行于行：担任县委副书记期间，我倡导并负责修建起青县解放纪念碑，成为传承红色基因的爱国主义教育基地；在沧州市政府任副秘书长时，我坚持早晚骑自行车转全城，了解市情……2003年退休后，我婉谢企业高薪聘请，出任县关工委副主任，组织编写了《青县革命老区发展史》，成为弘扬老区革命精神的重要载体。

抚今追昔，受党的多年培养和红色家风的影响，贫苦家庭出身的我才有了今天。现在，我已把那老秤挂到了书房里，誓将红色家风世代传承下去。

（作者系青县政协退休干部）

我们家的"书香梦"

◇ 程国宏

母亲是一名"位卑未敢忘忧国"的农村人，她常说"文化兴邦，人人有责"，2012年，她从67岁开始，用3年时间写了100多首古体诗词，既有个人情愫，更有爱国情怀。父母有一个美丽的"梦"，就是农民的"书香梦"，他们用省吃俭用积攒的钱印诗集向村民赠阅，为村民建起大槐树公益书屋。

母亲的诗是从顺口溜开始的。有一次，她和同学聚会，起初电话通知的地点不准确，当时没有手机，中途电话再次打到家里更正地点时，接电话的父亲已然无法通知早已出门的母亲，不由产生小小的愤慨，遂以诗奚落："同学请客去固安，骑着洋车转半天。饭店位置没找对，饥渴劳累无人怜。"母亲看了哭笑不得，也小愤成诗："愚夫之怒发冲冠，冷嘲热讽不着边。气急想租'奔驰'去，怎奈囊中没有钱。"

这让我想到大文豪苏东坡与胞妹苏小妹以对

联斗嘴的故事。如果家家吵架都如此"有文化",那村风、民风里应该会有一丝书香味吧。

母亲最初写诗,每个人都认为她只是一时兴起,不料竟"玩诗成集",3年坚持下来,有了可喜的成绩。"一锄一镰一铁耙,一粥一饭一清茶。暮送倦鸟归林去,朝迎晨露润桑麻。"她是这样总结自己的。这首题为《我》的小诗引起了很多农民诗友的共鸣。西安著名画家丁翼之老师创作了一幅扇面,用的就是母亲那首《椿芽》:"廊下香椿芽正红,馋嘴老翁笑盈盈。操剪摘鲜闻良久,小碟把盏酒一盅。"很多孩子喜欢她那首《读书郎》:"我是小小读书郎,不喜奢华爱书香。今日立下凌云志,誓为祖国做栋梁。"

父亲年轻时在基层部门"耍笔杆子",做人也像笔杆一样直。父亲生于1943年,先当会计,后写材料,成为当时河北日报、廊坊日报、廊坊地区有线广播电台特约通讯员。一年下来,累计写下并发表20余万字的新闻稿。至今,他还珍藏着当年的特约通讯员证。

父母同村也曾同校。年轻时为了生计,他们心中那个绚烂的文化梦,像缺少氧气的火苗一样熄灭了。直到儿女成人,孙儿孙女读到小学初中,他们才从生活的重负下缓过气来,重新拿起书和笔,一个作诗、一个写字,再度点亮"书香梦"。俩人互相扶持,一起探讨,共同进步。

母亲的诗集起名《农诗一百首》,书页一面是母亲的诗词,一面是父亲用钢笔抄录的手写稿,诗词与书法相映成趣,这是他们送给村民的一份文化礼物。父母以一句"老来莫道夕阳晚,渴望重登破浪舟"为座右铭,践行着老有所学、老有所乐、老有所为,他们的精神影响了周围很多人。

五千年的华夏文明,一代又一代的读书人,让书香穿越时空,绵远悠长。如今，我们在村里办起了读书会，20多个孩子和十几位家长都参与到读书的行列，同时还加入了光荣的志愿者队伍。2020年"七一"前夕，我们被固安县文明办评为最美志愿团队，大家倍受鼓舞，纷纷表示要再接再厉，读好书、行好事、做好人。

（作者系廊坊市固安县固安镇朱各庄村村民）

由"小"变"大",我的家

◇ 邝秀兰

与大多数家庭一样,我家是个幸福的五口之家,有相濡以沫的丈夫、孝敬懂事的儿子儿媳和聪明健康的孙子。不一样的是,我家又逐渐多出30名失去父母的孩子,尽管他们姓氏不同、性格不同,有的已参加工作,有的还在上学,但这个家始终是他们不离不弃的港湾,他们都亲切地称我为"妈妈"。

1976年,我从承德来望都任城内小学教师,1978年又被分配到望都电影院工作。由于工作需要,我经常下乡组织爱国主义教育观影活动,常接触到一些因贫困而面临失学的孩子和父母早逝的孤儿,他们无助的眼神深深刺痛了我的心。

1998年,我开始义务承担这些孩子从小学到大学的生活费,至今坚持资助300名贫困学生和30名孤儿。每次下乡,我都会顺便到孩子家慰问,通过谈心,帮助孩子们增强对生活、学习的信心和战胜困难的勇气。每逢过节,我会将几个孤儿接到家里招待他们,让他们感受家的温暖。

在我的带动下，我们全家义务帮扶身患智障的邻居"老傻"30多年。全家人都不会嫌弃他，拿起碗筷前都会问上一声："饭送过去了吗？"不论谁到外边吃饭，也不忘挑"老傻"爱吃的带回来。就连小孙子买糖葫芦也会说："'老傻'爷爷一根儿，我一根儿。"不仅对智障老人如此，我还和家人资助了很多贫困五保户老人。除去工作，我把大部分时间、财力都放在了孤儿身上。丈夫最初也有过反对，后来陪我到乡下慰问，看到孤儿们恶劣的生活环境，不禁落泪，也开始主动资助孩子们。

家风，潜移默化、润物无声。受家庭的影响，在检察院工作的儿子始终任劳任怨，在一次下乡扶贫时，他见所驻村的村委会没有电视，就自费给村里买来一台，让村干部能够及时了解国家有关政策，还为村委会配备了书橱和一批图书。儿媳先后在乡镇、县直机关工作，她大胆探索、勇于拼搏，受到上级肯定。工作之余，她也乐于助人，还成为一名孤儿的"爱心妈妈"，从小学开始资助直到大学毕业。我的小孙子曾在作文里这样写道："我长大后要向奶奶学习，为社会多做贡献。"2008年汶川地震和2020年新冠肺炎疫情期间，他两次主动捐出压岁钱共1500元。

退休后，在家人的支持下，我相继开办了望都锦秀影城、保定市锦秀农村数字电影院线、贾村镇农韵影城等多家企业，为了创造更好的条件去帮助更多需要帮助的人。

我的家，由"小"变"大"，大家互帮互助，团结向上，先后被评为河北省文明家庭、全国五好文明家庭、全国最美家庭。

（作者工作单位：望都锦秀影城有限责任公司）

言传身教塑造善美家风

◇ 口述／李海全　执笔／王均波

一本书，可以影响一个人；一句话，可以改变一个人；一种家风，可以塑造一个人。

父亲出生在20世纪50年代，是一名退伍老兵。他曾对我说，之所以选择献身军队，是因为当年爷爷在抗战期间被日军抓去当壮丁修炮楼、惨遭虐待，去世时头上还留有倭寇刺伤的刀疤。爷爷弥留之际告诉父亲，"勿忘家仇国恨"。"为国效力，保卫家园"，父亲从小就把这个志向镌刻于心。

高中毕业后，父亲担任村里民兵连副连长，在县人武部组织的射击训练中三发三中、29环，获得全县第一名。1970年，父亲如愿参军入伍，在部队中当过通讯员、文书、副班长、班长，还成为全连射击标兵。"我是一个战士、一名军人，必须全力以赴履行军人的职责。"在这个朴素的信念下，父亲兢兢业业、勤勤恳恳，因工作突出先后7次受到部队嘉奖。

后来，因为爷爷奶奶相继病重，家中生活困难，父亲无奈选择退伍回乡尽孝。在那个年代，父亲拉扯我们四兄妹读完初中已是不易，虽然没能再供我们继续上学，但依然经常教育我们，要像战士一样自强不息。

每天早晨，父亲都会到村委会打扫卫生，填写各种表格，然后挨家挨户查看房屋安全、落实村内高龄老人补贴、办理学生助学金……村中的事虽然不大，但事关国家政策的落细落实。"我曾是一个兵，又做了40多年的共产党员，大事干不来、小事不要停，应该为党奋斗终身。"父亲虽退伍多年且年事已高，但他却乐在其中。

2004年，我中专毕业后在父亲的鼓励下报名参军。离家那天，父亲对我说："勤学肯干，当一名好兵！"我牢记父亲的嘱咐，参军后勤学苦练，先后获得"优秀士兵""优秀班长""优秀士官""优秀党员"等荣誉。工作之余也不放松学习，积极参加成人高考，并取得本科学历。

"怕困难，怕牺牲，还算什么共产党员、革命军人？这是你的使命，你的责任。"2014年，非洲出现埃博拉病毒，父亲得知我所在的部队组织援非医疗队后，毫不犹豫地支持我报名。之后，我随医疗队远赴大西洋西海岸的利比里亚，帮助当地抗击疫情；2020年12月，我又随队参加国际维和医疗队，如今正在距离祖国万里之遥的非洲腹地南苏丹（瓦乌）执行国际维和任务。这些都离不开父亲识大体、讲大义、甘于奉献的品德熏陶。

父亲时常告诫我："要戒骄戒躁，抱着一颗感恩的心。"一次，父亲去县城办事，走到东风渠滨河公园，看到广平县退役军人事务局打造的军人荣誉主题公园"建功军营区（现役军人）"有我的照片和先进事迹。他立即打电话给我："取得荣誉，我为你高兴。你要戒骄戒躁，继续努力，爸爸就更高兴！"父亲就是这样，时时严格督促，给予我鞭策。

家风似薪火，代代相传。父亲这个至今奋斗不息的老兵，以自己的言传身教塑造了我今天的品性与成就。

（口述人系中国第 11 批赴南苏丹维和医疗分队队员，

执笔人工作单位：中国人民解放军联勤保障部队第 984 医院）

传承好家风 宣讲好故事

◇ 宋丹丹 李 玲

在唐山滦州市,有这样一个家庭,践行"奉先思孝,处下思恭;倾己勤劳,以行德义"的淳朴家风。如今已是耄耋之年的骆宗明老人,是这个家庭的大家长。

骆宗明是滦州市滦城街道离退休干部,结婚60年来,与老伴儿相敬如宾,如今拥有一个四世同堂的大家庭。4个女儿、4个女婿中有6人是共产党员,全家人遵纪守法、爱国敬业、热心公益、团结邻里,爱国情怀、红色文化弥漫于这个和睦的大家庭中。

2019年,骆宗明一家人精心整理的388本家庭档案登录央视,《"七十年 他们的家"——388本家庭档案记录背后的家国变迁》在央视一套、四套等连续播出,用一个家庭的变化讲述了新中国成立70周年来的巨大变迁。

作为一个大家庭的家长,骆宗明告诉自己要老有所为,在教育好一家人的同时,热心公益事业。

十几年来，他带头捐资助学，先后使十余名贫困辍学的孩子重返校园读书。

经历过炮火连天的童年时代，骆老决定把讲好党史、新中国史作为自己的责任。从2007年开始，他和其他几位老同志每年利用一个多月的时间，到滦城街道辖区中小学开展宣讲教育。

为了挖掘更多本土特色素材，2006年，骆宗明与另一位老同志着手对本地抗战时期的革命史实进行深入调查。当时正是三伏天，他们脚踏自行车、背着水壶，深入当地的街头巷尾、田间地头，寻找健在的战争亲历者。3个多月的时间，他们走遍91个行政村，走访451名75岁以上的老人，召开座谈会120余次，积累了十几万字的调研材料。之后，经过认真整理，编辑成8个专题，形成滦城街道独具特色的乡土教材。

14年来，骆宗明和他的宣讲团已进校宣讲300多场，受教育达5万多人次，被学生们亲切地称为"老爷爷宣讲团"。

2021年，"老爷爷宣讲团"走进辖区学校、农村进行党史宣讲，从5月10日到5月28日，19天走入14所中小学校，受众达5000余人。行程紧凑，骆老上了年纪，身体有点吃不消，但仍然咬牙坚持。老伴儿尽管心疼，但更理解他献余热的心情，在他每次外出宣讲前，都会把宣讲资料、帽子、水杯、手机等帮忙收拾好，默默地给予支持。4个女儿对父亲既心疼又无奈，但更多的是敬佩。工作之余，她们经常回家看看，做做家务、唠唠家常，陪老人遛弯儿、锻炼身体。

这是一个平凡的家庭，但朴实无华的家风下，孕育的正是中华民族代代相传的家国情怀。

（作者工作单位：滦州市滦城街道办事处）

爱国心 拥军情

◇ 口述／刘文福　执笔／郭银芝　任力伟

在我的记忆中，父亲坚毅、厚道，是一位支前模范。他一生虽普普通通，但爱党、爱祖国的炽热情怀一直影响、激励着我不断前行。

我的家乡迁西县滦阳镇铁门关村是长城关隘喜峰口脚下的一个小山村。小时候，父亲就告诉我们，著名的喜峰口长城抗战就发生在这里，《大刀进行曲》就是根据发生在这里的英勇事迹编写而成。抗日战争时期，许多英雄儿女在这里为祖国献出了年轻的生命。这里也曾是当年东北野战军的必经之地，迁西县滦河两岸的民众积极拥军支前，传递信息、送物资。在烽火连天的战争年代，家乡涌现出许多英雄模范人物和可歌可泣的感人故事，拥军模范吴凯素与我家只有一山之隔，她冒死护理90多名八路军伤病员的故事更是在我心里深深地扎下了根。

父亲说，新中国成立前，我们祖辈一直过着流离失所的日子，是共产党让我们过上了安稳幸福的新生活，到任何时候都不能忘。年幼的我在心中立下志愿：要永远听党话、跟党走，做一个对国家、对社会有贡献的人。

18岁那年，我想报名参军，可我在家排行老大，下面还有8个年幼的弟弟妹妹需要照顾，只好放弃这个念头。1971年，我当上了民兵排长，除了认真训练之外，我还把帮助军烈属当作应尽的责任，军烈属谁家有了困难，我都会去搭把手；1997年，我承包的企业分红，手里有了钱，我第一时间拿出10万元，给县里的军烈属挨家挨户送去大米、白面和花生油。24年来，每逢"八一"、春节，我都会到部队慰问，拥军足迹遍布北京、天津、河北、江西、海南等地。

2000年，小女儿高中毕业后报名当了兵。临走前，我对她说，到部队去锻炼吧，好好干！小女儿在部队刻苦训练，严格要求自己，当年就成为通信班班长，后来两次荣立三等功。我家3个侄子在考上大学后也先后走进了军营，两个侄子由于表现突出考入军校。在我的带动下，老伴、儿子、儿媳、女儿、女婿、孙子都加入到拥军行列。如今，"崇德向善、爱国拥军"已成为我们的家训。

2018年，我当选为唐山市爱国拥军促进会会长，有了更多拥军机会。新冠肺炎疫情发生以来，唐山市爱国拥军促进会会员企业捐款捐物近4100万元，有效带动了社会各界同心抗疫。

善言善行是我一生不变的追求，我要牢牢记住父亲的话：像拥军前辈吴凯素那样，做一辈子的拥军传人。

（口述人系迁西县滦阳镇铁门关村党支部书记、村委会主任，
执笔人工作单位同为唐山市爱国拥军促进会）

传承红色家风 身教大于言传

◇ 口述／靳国芳 执笔／王莹 张琦

我叫靳国芳，1937年出生，是石家庄市裕华区建南社区学雷锋志愿者工作站站长。我和老伴几十年来注重言传身教，培养了子女的良好品德，树立了友善睦邻、孝老爱亲的淳朴家风并得到很好的传承。

我出生在东北松花江畔，幼年时父亲卧病在床，家里没有经济来源。新中国成立后，在政府的关怀下，我到军工企业参加了工作，还先后上了职校、干校。党的恩情一生难忘，从那时起，我心里就埋下了"感党恩、跟党走"的种子。

我一家八口人，除了两个孙辈，其余六人都是党员。我的老伴郭普林早在1960年就加入了中国共产党，着实令我羡慕。多年来，我始终以党员标准要求自己，终于在2014年7月1日，加入中国共产党。

1992年退休后，我很快在建南社区找到了"舞台"，从帮助身边困难群众开始做起志愿服务。

为方便大家联系，我将自家的电话号码向大家公开，办起"大靳热线"，笔记本上记录的社区居民的每一条热线信息，我都热心去协调解决，哪里有困难就去哪里帮忙。近年来，先后荣登"中国好人榜"，获评"全国孝老爱亲之星""全国道德模范提名奖"等荣誉。2020年，我家荣获第二届"全国文明家庭"。

我和老伴育有一儿一女，在我俩言传身教下，孩子们始终在学习、工作中听党话、跟党走，保持对党和国家的热爱、忠诚，始终保持着忠于职守、甘于奉献的良好作风，在各自的工作岗位上取得优异成绩。

"百善孝为先"，这是我的家庭几十年坚持的家风之一。

抗日战争时期，我的父母被困在吉林市姥姥家，奶奶则在敦化老家。父亲惦记奶奶，但由于打仗不通车，父亲竟步行20多天、300多公里，一路从吉林市到敦化，父亲回到家看到奶奶安全才放心，这也让我对"百善孝为先"有了更深的了解。

无论是刚参加工作还是成家之后，我每年都会给父母邮寄吃的、穿的，那个年代，我和老伴每个月的工资加起来也就90来块钱，每次回太原婆婆家时都会给婆婆300元。不管任何时候，孝老敬亲都是本分。

孩子们的"孝"体现在"陪伴"上。儿女们每逢周末、节假日就带着我们去春游、泡温泉、看文艺演出，有时在家中唱歌、打扑克牌……去医院都是孩子们开车接送、陪着做检查。

好的家风能让家庭和睦、事业顺利。如今，我们一家三代人和睦相处、其乐融融，在服务社区、投身公益的行动中共同传递社会正能量。

（口述人靳国芳系石家庄市裕华区建南社区学雷锋志愿者工作站站长，执笔人工作单位：石家庄市文明办）

"红薯大王"的好家风

◇ 贾拴成

这十几年来,为了乡亲们早日脱贫致富,我带领大伙儿发展甘薯种植,大家都叫我"红薯大王"。从小养成的吃苦耐劳、乐于奉献的品格,都源自我们家传承至今的良好家风。

1960年,在那个物质极其匮乏的年代,家里的顶梁柱爷爷去世后,12岁的父亲和他的两个弟弟,只好辍学到生产队挣工分,扛起养家糊口的重任。

父亲到生产队后,为了多挣些工分,勤奋上进、肯动脑筋,年纪虽小但也赢得认可,没几年就被提拔成生产队指导员。之后几年间,在父亲的带领下,摘掉了全村最落后的生产队——"光棍队"的帽子,父亲也因为工作突出光荣地加入中国共产党,后来还当选为中共新乐市第三次代表大会代表。

供大弟弟上了大学;让小弟弟去部队学了汽车驾驶技术;帮两个弟弟成了家,新房全部分给弟弟，自己家却住在最破的土坯房里……在家里，父亲也尽到长兄的责任。

父亲一直教育我们，要严于律己、乐于助人，听党话、跟党走。在父亲言传身教下，我从小内心就种下感恩党的种子。在红薯行业干出一些成绩后，首先想到的就是要带领更多乡亲共同致富。创办合作社，成立公司，开办甘薯产业发展论坛，培训红薯种植技术……我积极投身于脱贫攻坚，助力乡村振兴事业中，全心全意带领群众脱贫致富。

近年来，我先后向阜平县骆驼湾村、顾家台村和怀安县、平山县、行唐县以及山西省和顺县等贫困地区的乡村捐赠优质红薯种苗50万余株，并进行了技术跟踪指导，由困难户试种，通过典型带动引导当地群众发展甘薯种植，促进了农民增收。

去年1月份疫情突发，得知新乐市居民买菜难，我毅然将库存的20万斤红薯以成本价投放市场，让居民吃上既便宜又放心的红薯，并向市红十字会捐赠1万元用于购买抗疫物资。

"人误地一时，地误人一年。"疫情突发期间，正是全国脱贫攻坚的"决战时刻"，待疫情有所缓解后，我驾车行驶几千公里，到宁夏中卫、内蒙古阿拉善等地进行红薯种植技术指导，为西部地区红薯产业的发展出一份力。

今年年初，新乐市疫情形势再次严峻，我积极投身到防疫一线，到核酸检测现场维持秩序，并把种植的大白菜全部捐赠给抗疫一线的单位，全市三家医院、十几家单位和6个乡镇政府单位全部吃上了大白菜。

"你们的爷爷和我都是共产党员，我还是全国劳动模范，所以你们也要以共产党员的标准严格要求自己，担起应尽的社会责任，传承好我们的家风。"在我的教育和影响下,儿子、女儿乐于助人、甘于奉献,疫情期间主动投身抗疫一线,不论早晚,都是随叫随到,从不叫苦叫累,始终坚守在防疫岗位上。

(作者系新乐市新农红薯种植专业合作社理事长兼党支部书记)

红色家风世代传

◇ 口述／杨爱公　执笔／孙秀群

"我要把左权将军墓永远守护下去，坚持和孩子们一起，讲好英雄故事，传承红色基因。"

我是涉县辽城乡石门村村民杨爱公，今年92岁。作为一名普通的农村党员，我心怀对党和革命先烈的一片赤诚，从22岁起便开始为左权将军守墓，这一守就是70多年。

铭记英烈，弘扬红色文化。1942年5月，侵华日军调集3万兵力，对太行山区的八路军总部进行铁壁合围，时任八路军副总参谋长的左权将军为掩护总部突围，不幸被炮弹击中，壮烈牺牲，成为在抗战中牺牲的八路军最高将领。

当年10月，晋冀鲁豫抗日殉国烈士公墓在涉县石门村落成，10月10日，晋冀鲁豫边区政府将左权将军的灵柩，由十字岭移至涉县石门村太行山麓的莲花山（公墓所在地），并举行了公葬仪式。

当时，只有13岁的我已是儿童团团员，父亲和爷爷先后被日本侵略者杀害，当我亲眼看到左权将军埋葬于此,幼小的心灵激荡不已,从此便立下为将军守墓的决心。我想用实际行动默默守护心目中的革命英雄。

1950年10月20日,左权将军的遗骨移至晋冀鲁豫烈士陵园。虽然忠骨已去,但英灵犹在,莲花山下的烈士公墓依旧保留。于是,我主动请缨,正式担负起义务守墓这项工作。我经常到墓区清扫垃圾,修剪花草树木,一边务农,一边守墓。其间,无论发生什么样的变故,我始终守护着左权将军墓,70年如一日,从未改变。

红色家风,世代传承。日常生活中,我经常给孩子们讲述红色革命故事,告诉他们"天下之本在国,国之本在家"的道理,趁周末或放假时间,就带着他们一起去守墓,言传身教,将红色家风传承下去。我希望将红色的种子种在孩子们心中,希望通过红色教育让后辈们明白,今天的幸福生活来之不易。

近年来,随着我的年龄逐渐增大,对左权将军墓区的管护有些力不从心,大儿子就主动担负起这项工作。2014年,大儿子因车祸身亡,当时50岁的大儿媳毅然接过守护将军墓的接力棒。每天清晨和傍晚,她就会出现在这片寂静的墓区。除了每天巡查、管护,到了清明等祭奠时日和三夏、三秋的农忙时节,以及学生们放暑假时,她更是一刻不敢掉以轻心,每天守护在墓区,防止火灾发生。

我和我的家人不仅是义务守墓人,还是义务讲解员。多年来,来此地缅怀英雄、接受红色教育的群众已突破10万人次,我们每年讲述英雄故事达260余场,英雄浩气正在世代传扬,红色家风也在世代传承。

(口述人系涉县石门村村民,执笔人系《邯郸日报》记者)

为谁辛苦为谁甜

◇ 解静静

多少年来,教师被世人赋予太多崇高的内涵,而我觉得,教师其实很简单,就是有责任、有担当、潜心为学生的工作者。我也有幸成为其中的一员。

十年前的夏天,我怀揣着教师梦来到泊头一中,当时受到了很多人的质疑:"一个研究生选择来小县城工作?"我微微一笑:"当老师,在哪儿都一样。"就这样,我一头扎进了教育工作。

研究教学、管理班级、教育学生……早晨五点多到校,晚上十点多回家,一干就是十年。这十年,有道不完的辛苦,更有说不尽的收获,让我更加懂得了教师身上应有的责任与担当。

工作后,平时放假时间很短,但每次放假我都坚持奔波三四个小时,回家看看偏瘫不能自理的父亲和日夜操劳的母亲。记得有一次和老公一起回家,赶到家时已近中午,母亲包着饺子,父亲安静地坐在椅子上等我们回来。父亲从 2008 年患脑出血后,身体一年不如一年,思维也越来越不清楚，但是他知道想我们，每次听说我们要回家，他都要求早早起床，嘴里嘟囔着"起床等静静"。离开家时，父亲只有那一句话——"给人家好好教学"。

"给人家好好教学"，不知父亲已嘱咐过多少次。父亲从小没在父母身边，小学没毕业就被迫辍学，18岁参军，20岁入党，到部队后才真正开始读书学习。父亲常说，是党和国家给了他学习的机会。我们听着父亲讲的《英雄儿女》《三大战役》等历史故事和战争片情节长大，在不知不觉中接受红色教育，对英雄的敬佩、对祖国的热爱油然而生。

父亲最喜欢读鲁迅的书，读得多了，也被鲁迅的个人品格感染，有责任、有担当、耿直、率真。某些时候，父亲因为正直吃过亏，甚至上过当，但是他依然坚持自我，不曾改变，就像他之前对我们说的那样："做什么要有做什么的样，不攀不比，不怕吃亏。"我也一直在努力践行着这句话，做老师就要做好老师，潜心为学生，对每个学生负责，不放弃任何一个学生。

每个学生背后都有很多双期盼的眼睛，作为教师不敢有一丝懈怠。备课讲课、作业辅导，我要求自己精益求精；成绩分析、心理疏导，我要求自己细致入微。也经常为准备一堂精品课到深夜，为给学生做工作忘记吃饭。

小时候，父亲见我们干活累了不想干的时候就总是说："不要怕辛苦，人怕干活，活怕人干。"这是祖辈父辈留给我们的宝贵财富，也是我们学习、生活的行动指南。虽有辛苦，但更有收获后的甘甜。

"采得百花成蜜后，为谁辛苦为谁甜？"每每看到学生拿到心仪大学录取通知书时那灿烂的笑容，所有疲惫都抛之脑后，我想，这就是一名人民教师的价值所在。

　　传承家风，躬耕教育，为追梦的学子，为自己的初心，也为父亲的那句"给人家好好教学"。

（作者工作单位：泊头市第一中学）

塞罕坝上父子兵

◇ 谢 云

我的父亲谢廷永出生于1931年，是塞罕坝最早一批森林公安民警的一员，多次被评为优秀共产党员和先进工作者。为了维护林区和谐稳定，保障塞罕坝森林资源安全，父亲团结民警在护林、防火、安全稳定等各个方面扎实工作，破案率达90%以上，刑事、治安等各类案件日益减少。

父亲身为警察，在做好本职工作的同时，还不忘为人民服务的宗旨。任职期间他为一批老职工家属及子女解决了商品粮户口和老职工家属转工退休待遇的问题，使他们老有所依。父亲说，第一代务林人是"献了青春献子孙"，应该解决他们的后顾之忧。

小时候，在我的印象中，父亲总是很忙，我也曾多次埋怨，但父亲总会摸着我的头说："有的事总得有人去做，警察就是这样的。"所以，从前陪伴我更多的是在家里挂着的一件警服，让我感觉很亲切，仿佛它在，平安就在。

受父亲的熏陶，长大后我也投身到塞罕坝森林公安事业中，成为一名光荣的森林卫士。参加森林公安工作以来，我扎根基层，一待就是40多年，几乎走遍了塞罕坝的每一寸土地，熟悉这片土地上丰富的自然资源，成为年轻同事眼中名副其实的"大百科""活地图"。

父亲生前常常教导我："警察不仅是一种身份，更是一种责任，为人民服务就是我们的责任。"工作后，我始终坚持"以人为本"的原则，对违法人员进行处罚的同时积极开展批评教育，让违法人员深刻认识错误，防止违法行为再次发生。

在严厉打击违法犯罪的同时，我积极组织派出所民警深入周边群众中去听取意见、了解群众困难，树立森林公安的良好形象。2013年，在了解到林场职工遗属崔秀云年过六十又无子女，靠打零工为生，无生活保障后，我通过林场和民政部门帮她办理了城镇低保，并在苗圃、林地施工期间为她安排工作，改善了她的生活。

长期工作在一线，多年面对恶劣的自然条件，我深受多种疾病的困扰。2019年体检查出患结肠癌，但正值森林公安转隶的关键时期，我始终放心不下，手术后又回到单位坚守岗位，边工作边休养。我要继承父亲的遗志，传承红色家风和先辈们的塞罕坝精神，坚持站好最后一班岗。随后两年，我一直坚持带病工作，直至退休。

如今，我还会时常回林场、支队看看，因为我热爱这片洒满父亲和我青春与热血的土地，我们的根就在这里。

（作者系河北省公安厅森林警察总队

塞罕坝森林警察支队退休职工）

像父亲一样，信仰坚定比天高

◇ 林渊普 路海洲

成建红今年51岁，是张家口市军队离休退休干部第二休养所军休干部。一直以来，父亲都是她仰之弥高的人。

父亲成刚夫是河南孟州人，曾任空军航空兵第七师司令部（以下简称"空七师"）副参谋长，1945年入伍，参加过豫东战役、淮海战役、渡江战役等，1988年被授予独立功勋荣誉章。

1949年11月，新中国组建空军，成刚夫是首批飞行员。1962年1月组建"空军护航表演大队"，后重新命名为"八一飞行表演队"，成刚夫就是其中一员。

成建红听母亲说，中国空军刚成立时，飞行员只能进行简单的飞行，飞行技术和安全远不如现在，那时，一家人就住在机场附近，总是为父亲的安危担心。成建红从小在空军大院里长大，目睹了父亲和其他飞行员摸爬滚打的训练过程，心中充满敬佩之情。

成建红的母亲是天津武清人，20 岁时被部队挑选担任北京军事博物馆讲解员。在成建红的记忆中，部队经常轮战，一轮战家里的一切只能全靠母亲。成刚夫在"八一飞行表演队"时，成建红的两个哥哥和一个姐姐先后出生，她的母亲工作不到两年，因为孩子无人照管，不得不作出牺牲，不仅在家做饭、带孩子，也按部队模式管理，还要为战士们拆被子、洗衣服，后来到制药厂工作，直到退休。

成建红的大哥和姐姐 20 世纪 70 年代踏进军营，当时，只要父亲说上一句话，他们俩就可能提干，但父亲并没有这样做，两个人都是当了 3 年兵后复员。

成建红在家中年龄最小，吃饭常挑食，父亲说："你生在新中国、长在红旗下，每天吃大米饭、白馒头，简直太幸福了，要知足。"从小立志当兵的成建红，1990 年在大同新兵二连训练 3 个月，她硬是咬紧牙关挺了过来，不仅改掉了挑食的毛病，而且锻炼出吃苦耐劳的品质。同年 6 月，成建红到山西定襄场站卫生队担任卫生员，1993 年考入吉林空军医学高等专科学校，3 年后分配到"空七师"张家口场站卫生队。

2002 年，成建红调到政治处干部科，负责干部档案。当时她的父亲已经去世，一次看到父亲的档案，亲人的音容笑貌再次浮现眼前，她决心要像父亲一样，一辈子信仰坚定、踏实工作。

19 年来，成建红经手的档案数千宗，始终像父亲一样秉公办事、不徇私情。2005 年和 2009 年，成建红被评为"档案管理先进个人"。

在成建红眼中，父亲一身正气，对党和军队无比忠诚，信仰坚定比天还要高。

（作者工作单位分别为张家口新闻传媒集团、张家口市军队离休退休干部第二休养所）

四代人的"幸福经"

◇ 王璐阳

在村里,提起太爷爷,知道的人不多,因为太爷爷参加抗日战争牺牲时年仅25岁。

我从小是太奶奶带大的。小时候,每次喊饿,她总是用铝勺抹点油,打一个鸡蛋,在火上煎给我吃。那是我小时候最美味的记忆,但我从来没见太奶奶吃鸡蛋,她总说鸡蛋要攒下来换钱。

在我的印象里,太奶奶只有一身衣服,粗布的蓝衫、蓝裤,一双黑色布鞋,很干练。如今,尽管她已经80多岁,还是每天带着我们一众儿孙下地干活,几里山路走下来也不见喘粗气。所以,我家的好家风是从太奶奶这儿开始的。小时候,虽然不懂家风的概念,但太奶奶的言行潜移默化影响着我,在我心中播撒下艰苦奋斗、勤俭节约的种子。

我13岁那年来到爷爷奶奶身边读初中,在我看来,爷爷是一个严厉而睿智的人。因为刚刚转学过来,英语成绩跟不上,我因为写不出老师提问的英文字母而难过。爷爷也跟着着急，先是找来隔壁大学刚毕业的姐姐帮我辅导功课，又给我买了一部英语复读机。停电的时候，爷爷就默默在我身边扶着蜡烛帮我照明，就这样，我的英语成绩慢慢好了起来。

为了激励我，爷爷总是跟我讲他小时候读书的故事。爷爷是村里仅有的4名考上高小的学生，那时交通不便，他都是徒步几十里路去上学。由于在学校吃不饱，眼看着一块儿上学的小伙伴越来越少。爷爷说自己也想过放弃读书，可是想想回了家也是吃不饱，最后还是咬牙挺了过来。得益于自己坚持读书，爷爷成为村里比较早的一批吃"商品粮"的人，也深刻认识到读书改变命运的重要性。因此，父亲、叔叔、姑姑在爷爷的严厉教导下，都读完了中专，顺利走向理想的工作岗位。

生活中，爷爷是一个极其勤俭的人。爷爷经常跟我讲他小时候啃树皮、吃玉米芯过活的日子。我和弟弟在爷爷家吃饭，是绝不允许剩饭的，偶尔耍脾气不吃，爷爷一定会拿过碗来吃干净。

在爷爷的监督下，我的学习成绩一直不错，如今已经研究生毕业，从一个农村的懵懂小伙儿成为地质工程师。我知道，正是国家的好政策，还有家里几代人秉承的艰苦奋斗、勤俭节约的观念，让我们从吃不饱、穿不暖的生活逐步走进小康。

现在，只要有时间，我都会去爷爷家。虽然爷爷已经耳聋、腿脚不便，但脑子极其清楚，当今大事还跟我分析得头头是道。他总说："现在生活好了，也不能忘记过去吃过的苦。所有的幸福都要靠自己努力打拼，一定要踏实做人，做一个有用的人！"

记得我结婚那天，媳妇儿叫"爷爷"时，老人热泪盈眶。我会继续秉持艰苦奋斗、勤俭节约的家风，踏实工作，为我们的幸福生活奋斗！

（作者工作单位：河北省地质工程勘查院）

坚定理想信念 传承良好家风

口述／邓湛芦 执笔／赵丽梅

我出生在一个军人之家。父亲是一名老红军，革命了一辈子，奋斗了一辈子，把坚定的理想信念和为共产主义奋斗终生的目标作为人生最宝贵的财富给了我，让我受用一生。

父亲曾参加五次反"围剿"斗争和二万五千里长征，也参加了抗日战争和解放战争。他从那段激情燃烧的岁月中走过，经过战火的考验，淬炼了钢铁般的革命意志。1931年，父亲担任红一方面军第三军团第四师第十二团五连连长，抓党建、促学习，凭借硬朗的作风和强大的凝聚力将这支诞生于1928年的红军连队培养成"模范红五连"，让这支铁打的连队创造了一个又一个战争奇迹。直到90多年后的今天，这支部队依然发扬着听指挥、能吃苦、敢碰硬、勇当先的精神。

面对成绩，父亲总是很淡然，被授予少将军衔时，他说："我经历过战火，与那些倒下去的战友相比已经非常幸运了，什么军衔不重要。"

面对荣誉，父亲却视若珍宝，二级八一勋章、一级独立勋章和一级解放勋章，他每天都会擦拭。这是他作为一名军人的最高荣誉，是他最值得骄傲的事。

从小耳濡目染，我深知先辈们用鲜血和生命打下的江山多么来之不易，幼时便在心底埋下了一颗红色的种子，立志要将革命薪火代代相传，接过父亲手中的"接力棒"。1969年，我入伍成为一名军人。初入军旅，我奋勇争先，然而在一次部队的"五好战士"评选中落选了。这件事让我很沮丧，意志也变得消沉。得知此事后的父亲写信叮嘱我，要时刻保持信念不动摇，不被一时的功名所困扰，这样才能在思想上有更大的收获，取得更加长足的进步。在父亲的教导下，我重振信心，不断努力，1973年在第四军医大学实习期间光荣地加入了中国共产党。

入伍40多年，无论是当医生还是在管理岗位，我处处以共产党员的标准要求自己，发挥先锋模范作用。担任院长期间，我坚持廉洁自律，不做政绩工程，不为不当利益所动；无论在职还是退休后，我都积极向党组织靠拢，不计较个人得失，为党和人民的事业做出自己的贡献。这些年，我先后荣立三等功四次，并获得原北京军区"优秀医院主官""三八红旗手"等称号。

感谢父亲，他给我的"传家宝"让我受用一生。良好的家风需要传承，我一定会让革命的薪火代代相传、生生不息。

（口述人系秦皇岛市军队离休退休干部第三休养所军休干部，
执笔人系秦皇岛市军队离休退休干部第三休养所所长）

传承红色基因 赓续平民家风

◇ 口述／孙　静　执笔／孙秀群

我是邯郸市复兴区庞村街道办事处的一名科员，出生于一个红色革命家庭。我的姥爷叫高世勋，曾参加过抗日战争、解放战争、抗美援朝战争。姥爷英勇奋战、百折不挠的革命精神始终激励着我，留下来的艰苦朴素、廉洁自律的平民家风影响着我。

姥爷去年离世，享年92岁。他当年英勇杀敌的革命故事让我印象深刻。1943年，年仅15岁的姥爷参加了八路军。因为表现突出，部队领导把他选进野战队，成为一名重机枪手。有一次在战场上，他为了保护战友，被炮弹当场轰聋一只耳朵，另一只耳朵也因此患上重度中耳炎。1947年，他跟随刘邓大军挺进大别山，双脚穿着草鞋行程千里。1952年，24岁的姥爷又参加了抗美援朝战争，经历了炮火纷飞、几十天粮尽水绝的生死考验。

新中国成立后，姥爷随部队去了新疆。为保卫祖国安全，他在地下修工事、挖地道，患上了矽肺病，导致六级伤残。1979年他转业到邯郸，任煤炭局副局长，直至离休。

历经艰苦岁月，姥爷始终保持着一名老红军的本色，保持着艰苦朴素的作风，从不占公家一点便宜，并时常跟我们念叨，不能因为生活条件好了就随便浪费。

在家里，姥爷把平常洗脸、洗菜的水倒进一个专门的桶里储存起来，用于擦地板、冲厕所等。吃饭时，姥爷教育我们不能浪费粮食，饭菜尽量一顿吃完。"那些死去的战友没有看到祖国的繁荣昌盛，我比他们幸福太多了，所以一定要珍惜现在来之不易的幸福生活。"姥爷常常告诫我们，知识就是命运，落后就要挨打，一定要好好学习，报效祖国。

历经坎坷艰辛，从革命战火中一路走来的姥爷从不搞特权。那个年代看场电影特别难，我们几个小朋友有时偷偷混进部队去看电影。父亲知道后狠狠地训斥我，说丢了军人的脸，让我面壁思过。小时候，妈妈告诉我，我们都要谨记姥爷的教诲，要通过自身努力实现人生价值。妈妈曾多次荣获"先进工作者""优秀共产党员"等荣誉称号。

把光荣传统发扬好，把红色的接力棒传承好。我愿从先辈手中接过红色接力棒，将红色精神薪火相传。在校园里，我努力学习，奋力追赶他们的脚步，积极向党组织靠拢，做任何事情都一丝不苟；工作中，我把街道当成家一样去守护，为居民排忧解难，受到居民的一致好评。

（口述人工作单位：邯郸市复兴区庞村街道办事处，

执笔人工作单位：邯郸日报社）

一脉家风 六代传承

◇ 赵厚远

我的老家在河间市诗经村镇北三十里铺村。这里是毛苌故里,有着闻名遐迩的毛公书院,村风朴实,村民好读诗书,是有名的文化村。

在村里,赵家是有着抗战传统的"书香家族"。2017年,父亲珍藏的一张拥有80多年历史的全家福有幸入选《国家相册》,成为记录家族红色历史传承的珍贵典藏。这张照片拍摄于1933年,残缺的全家福背后印证着一段刻骨铭心的抗日故事,那位在抗战历史上赫赫有名"带着寿衣上战场"的抗日将领,便是我父亲的二叔赵锡章。

赵锡章生于1901年,是赵家次子,毕业于保定陆军军官学校,曾在傅作义部下任参谋、第七十师参谋长。1933年,他和30多位随从回乡为母亲过五十大寿,拍下了这张珍贵的全家福。1938年,在山西隰县一带与日军作战前,他备好棺材和寿衣奔赴前线,最后因头部受重伤壮烈殉国。

追溯到父亲的祖父及堂兄弟4人,均受教于

毛公书院。太爷赵震东，晚清秀才，中年去世；二太爷赵煦东，开明乡绅，思想进步，抗日战争爆发后，鼓励子女参加革命、保家卫国，为抗日献金献粮，把家中看家护院的枪支、自行车捐献给贺龙的120师。在共产党的领导下，家中成为抗日堡垒户，冒死保护了大批革命干部，为抗战胜利贡献了力量；四太爷赵克让，北京法政专门学校高才生，曾参加五四运动，七七事变前和夫人创办"崇德女校"，为革命事业培养了一大批优秀儿女。家族先人为抗日战争献出宝贵生命，成为赵氏家族的骄傲。他们爱国敬业的红色基因一直传承下来。说起后代的发展，父亲非常欣慰，他与母亲都是小学退休老师，赵家几代人中，从事教育工作的有20余人，可谓桃李满天下。

父亲年轻时一心扑在教学工作上，教学成绩优异，被评为"模范教师"。自1953年被《中国少年报》聘为特约通讯员以来，他四十年如一日，在报纸和《内部通讯》上刊登了数篇有参考价值的文章，先后被评为"优秀通讯员"和"最佳通讯员"。

父亲和母亲退休后，坚持从退休工资中拿出一部分资金，用于资助本村贫困家庭和贫困学生。在老人的倡导下，子女孙辈们也结合自身，向灾区群众和贫困学生捐钱捐物。近年来，全家累计捐款8万余元。

"孝亲、睦邻、曲己、谅人"，遵此家风，我们家六代人都恪守着实实在在做人、踏踏实实做事的原则，各有成就，其中有8名共产党员。现在我们一家四世同堂21口人，父慈子孝，尊老爱幼，关系融洽。

红色家风、文明家风一直是我们赵家为人处世的行为准则，也一直影响、鞭策、规范着赵氏家族的后代子孙。

（作者系河间市诗经村镇北三十里铺村村民）

四代传承 红色家风

◇ 刘林静

我出生在一个三代从事公检法工作的家庭，曾祖父刘树人在新中国成立前加入中国共产党，曾参加抗日战争，历任临城县抗日游击大队参谋、高邑县政府司法科长、法院院长、副县长等职务。祖父刘文兴、叔叔刘士其在公安系统，父亲刘世雄在临城县阳光法律服务所工作。2013年，我考进检察机关，成为家里从事法律工作的第四代。

对于曾祖父，我印象不深，他说得最多的就是，勤俭是持家之根，节约是持家之本。从曾祖父那辈开始，勤俭节约的家风就传承了下来。

祖父继承了曾祖父的家训，生活中也是个勤俭的人。从我记事起，他夏天总穿着一件白色男士背心，每一件白色背心都补着补丁。我问父亲："爷爷不是公安局长吗？怎么像个'种地的'？"

父亲对我进行了严厉批评。父亲说，我们的家训就是勤俭节约，衣服只要干净、整洁就好。父亲在生活中也从不铺张浪费，并且教育我和弟弟要节约，不要同其他小朋友攀比。祖父十分珍惜粮食，今年已是85岁高龄，不但自己保持着艰苦朴素的作风，也同时教育子女和孙辈时刻坚持艰苦朴素。生活中，祖父从不浪费一粒米。

祖父担任公安局局长期间，一直廉洁自律，曾获"全省优秀公安局长"称号。在内丘县任公安局局长期间，祖父没有因私动用过单位的车。当时祖父家住临城，一周回一次家都是奢望，我跟祖母在老家居住，但是祖父很少回家，有时回来也是待一会儿就走。在内丘工作期间，祖父每次回家都是坐公共汽车或者骑自行车，没有让单位公车送过一次。记得我七八岁的时候，家里有个亲戚提着东西来找祖父说情。进到院子，祖父的脸立马拉了下来，他说："你这是让我犯错误啊！"说着，连人带东西送了出去，根本没有听亲戚的来意。他告诉我们，作为党员，要始终牢记自己的身份——"人民公仆"，要对得起党和人民的信任，严格依据法律和事实处理案件。

1987年，根据干部交流政策，时任临城县公安局局长的祖父要到内丘县公安局工作。当时，曾祖父年过古稀，双目失明、半身瘫痪，祖父把这个消息告诉曾祖父时，曾祖父说："听从党的安排，听从组织的安排。在抗战时期，组织上找我谈话调动工作，背上行李卷就去报到了，没有任何说的，都是掖着脑袋干革命，我们共产党人从来不讲任何条件。"在父亲的讲述中，我被曾祖父的这种精神深深感动。在工作中，我也保持了廉洁自律的红色家风，工作不计得失，兢兢业业。

经历了几代人的红色家风传承，我渴望成为党组织的一员。经过不懈努力，2021年5月17日，我如愿成为一名中共预备党员。

（作者工作单位：临城县人民检察院）

一名老党员的红色基因传承

◇ 韩 琳

申万英，邯郸市峰峰矿区西固义乡西河村人，今年73岁。她的家庭跨越三代，从战火硝烟到和平盛世，延续了半个多世纪的血脉传承。

提起"鸡毛信"，大家都会想起《一封鸡毛信》的红色故事，申万英的父亲申清新在抗日战争时期就曾当过共产党的地下通信员，他多次完成组织交代的送信任务，不管有多远，几十公里乃至百公里，没有任何交通工具，全靠双腿。

执行任务中，因为怕被敌人发现，常常需要深夜赶路，走的都是荒山野岭、人迹罕至的山路，不仅要躲避日军，还要躲避野兽。一次在走山路时碰到了狼，虽然爬到邻近的树上暂时保住了性命，可信还没有送到。申清新灵机一动，脱掉上衣远远扔出去，成功吸引狼的注意，自己迅速下树跑去给组织送信，才圆满完成任务。

申万英在父亲的事迹中感受到信仰的力量，传承着红色基因。

大峪镇南山村是一个小山村，交通不便，孩子们要到几里外的邻村上学，为了便于孩子们上学，政府就在村里设置了小学，申万英成为第一批民办教师。

教室用的是生产队遗留下来的两间旧屋，教学工作开展得异常艰辛。看着有的同事终因生活清苦、环境闭塞先后申请调走，申万英没有打退堂鼓。"我当时也没想那么多，看着孩子们上学困难，如果不读书，恐怕他们一辈子也走不出山村。"

因为在校教学期间表现突出，23岁的她就成为一名光荣的共产党员。坚守岗位十余年，南山村的山依旧巍峨，岁月却在申万英身上得到印证，她脸颊的皱纹深了，额头的白发多了。一批批学生走出山村，一个个孩子又走进她的教室，她却从没有向村里和乡镇政府提过任何要求，还想方设法帮助村里的学生考进更高的学府。

如今，申万英已不再任教，但作为高龄老党员，村里有什么急事，她依然会挺身而出。虽然没有像父亲一样在战火中经历生死考验，但是在三尺讲台上依旧历练着党性、初心，对党的忠诚、执着，为之奋斗的初心坚如磐石。

除了工作任劳任怨，家庭和谐、教子严格，也是申万英家庭的良好家风。"小时候，母亲总是给我们讲姥爷送信的故事，还从井冈山的'星星之火'讲到新中国的诞生，从烽火连天的革命岁月讲到热火朝天的建设年代。红色家风熏陶和影响着我们这个普通家庭的每个成员。"同为教师的大女儿刘秀丽说。

三代人前赴后继，数十载薪火相传。一家人用行动和坚守诠释了党员家庭的优秀品质和责任担当。

（作者工作单位：邯郸市峰峰矿区大峪镇宣传办）

传承红色家风 牢记初心使命

◇ 白 丽

在我儿时的记忆里，提到爷爷奶奶，总是和这个神秘的词——地下工作者联系在一起。

1937年，日军大举侵犯华北地区，无数中国人自发拿起武器英勇抗敌。在保定地区定县（今定州市），24岁的爷爷和奶奶投身到激烈的斗争中。第二年，他们加入中国共产党。

1938年6月，爷爷所在的冀中人民自卫军回民干部教导队与献县马本斋领导的河北游击军回民教导队合编成冀中回民教导总队，也就是大名鼎鼎的"回民支队"。爷爷先后担任兵站文书和营教导员，奶奶任中共定县杨树区教育助理员。

1942年，抗日战争进入最艰苦的时期，日军对我根据地进行疯狂"围剿"。为了配合边区的"反扫荡"，1943年初，受中共晋察冀三特委派遣，爷爷和奶奶带着3个年幼的伯伯来到望都县城，以经营商铺为掩护，建立起中共望都县地下党联络站，承担起收集情报、提供物资的重任。

当时，边区条件十分艰苦、物资极度匮乏，尤其是弹药和食盐。没有子弹，很多战士只能靠棍棒和大刀杀敌，没有盐水消毒，许多伤员因为伤口感染而牺牲。

"一定要搞到子弹和盐！"按照党组织的指示，爷爷表面上与伪军走得近，低价供给各种商品，实则与敌人内部的同志秘密取得联系，让小儿子认其做义父，借请客送礼、相互走动获取情报和弹药。

每过一段时间，他们就将积攒的子弹、购买的药品、节省下的食盐用油纸封好，藏在牛羊下水或粪桶里，用牛车运往城外，躲过日伪军的盘查再辗转交给党组织。

一天夜里，奶奶犹豫再三，向爷爷提出一个想法：将子弹和盐裹上棉花装在布袋中，再缝在儿子的棉袍里，然后带着他出城。一个4岁的孩子，敌人应该不会搜身。他们清楚，一旦被发现，牺牲的就是全家人的性命。爷爷说，无论多么危险，一定要完成党交给的任务。

抗战胜利后，望都县城落入国民党手中，爷爷奶奶受命继续与国民党反动派周旋，准确搜集情报、成功转运物资上百次，出色完成了党组织交给的任务，终于迎来新中国的成立。

在爷爷奶奶的影响下，爸爸也参军入党。他将父辈的英勇故事讲给我听，教育我铭记历史，传承祖辈的优良传统，珍惜现在的幸福生活。

作为一名革命的后代、一名共产党员，我的初心和信仰已植根灵魂，使命与担当已融入血脉，我将继承党的红色基因和优良传统，以史为镜、以史明志、知史爱党、知史爱国，为新时代的民族工作不懈努力，为党和人民的事业奋斗终身。

（作者工作单位：河北省民族事务委员会）

感恩一生 回报一世

◇ 姬东方

2021年7月1日，中国共产党迎来百年华诞，举国欢庆。我的父亲也收到一份特殊的礼物——"光荣在党50年"纪念章。

75岁的老父亲把纪念章捧在手心里，仔细端详着，小心翼翼挂在胸前，让纪念章紧紧贴在胸口的位置。这份殊荣重如千钧，让他惊喜，也让他愧疚。在父亲心中，党的恩情比天大，穷尽一生都无法回报，即使他曾在执行任务中"死"过一次。

1965年3月，风华正茂的父亲应征入伍，成长为一名出色的工程兵。1968年4月10日，父亲和战友们在一个山洞里执行任务。没想到，山洞塌方，洞顶的石头噼里啪啦滚落下来……受伤的战士中，父亲伤势最重，大腿骨折，头部重伤，昏迷不醒。北京的医生用了整整3个星期，才把奄奄一息的父亲从死神手里抢了回来。

1969年3月，父亲复员转业到第二十冶金建设公司（现在的中国二十冶集团有限公司）。他随着公司走南闯北，常年不着家。从草原明珠包头到风景如画的苏杭，从齐鲁腹地的莱芜到大山深处的涉县，他们创造了一个又一个钢铁奇迹。筚路蓝缕、披荆斩棘，父辈把青春和汗水挥洒在祖国建设的工地上，把忠诚熔进新中国的"钢铁之梦"，把奉献铸进民族崛起的"千秋大鼎"。

而在家里，4个孩子，十几亩地，大大小小的事情都是母亲在打理。当年爷爷病逝，葬礼都是乡亲们帮忙操办的。父亲日夜兼程赶回家时，老人都快下葬了。

2000年秋天，一直在外奔波劳碌的父亲退休回到家乡——安新县东向阳村。他做的第一件事情就是把党组织关系转到村党支部。2020年初，新冠肺炎疫情突发，防疫抗疫成为头等大事。各村相继封闭，我们村口也建起了疫情防控点，需要24小时轮流值班。父亲主动请缨，恳求党支部给他安排任务。考虑到父亲的年龄，村党支部还是决定让青年党员冲锋在前。半个多月过去了，看到青年党员日夜奋战，父亲再次找到村支书。第二天，头发花白的老父亲身穿红马甲上岗了。

身教重于言传，父亲的所作所为潜移默化地影响着儿女们。弟弟在村里开着一家主食厨房，疫情之前刚好购进了一车面粉。疫情发生后，凡是来买面粉的乡亲，弟弟一分钱不赚，按进价出售，行动不便的还免费送货到家。

父亲和弟弟的善举看似渺小，但正是千千万万普通人，用萤火般的微光汇成爱的星河，温暖了世道人心。

父亲出生于农村、奋斗在军营、拼搏于国企，退休回乡仍然发挥余热。除了感恩，父亲对党和国家一无所求。

（作者工作单位：保定市安新县实验中学）

传承好家风 砥砺好品行

◇ 李玉华

家，传递着精神，承载着希望，饱含着温情。这样的家，需要良好的家风维系。

我的父亲是一名教师，也是一名共产党员，他生于1930年，一生忠诚于党的教育事业。他为人正直、勇于担当、甘于奉献，村里谁家有了困难，乡亲们总爱第一时间找父亲帮忙，乡亲们都说父亲是一个大好人，父亲听了总是呵呵一笑。

父亲教过初中、教过民校，20世纪50年代初成为全村第一位校长。在担任庄疃学校校长期间，他发现校舍漏雨、门窗破损，便蹬上自行车，三番五次去县教育局、乡政府反映，要求改建校舍。功夫不负有心人，建设新校舍的计划终于批了下来，父亲心头的石头也总算落了地。

接下来就是筹备建设物资，当时是既缺钱又缺物。在父亲的紧急张罗下，工程终于开工，眼瞅着该造屋顶了，檩条还没备齐。晚上，父亲紧皱眉头跟母亲说："我想和你商量件事……"原来，父亲是想把家里准备给大哥成家盖房子的檩条拉到学校用。母亲开始执意不答应，可是看着发愁的父亲，最后也心软了。就这样，教室如期建好。

在父亲的耳濡目染下，我们几个儿女也都懂得顾全大局：大哥毫不犹豫地报名去涞源县，义务修了两年水库；二哥为了让更多人冬天能够烧煤取暖，到吉林煤矿挖煤；三哥和我都积极响应党的号召参军入伍，光荣加入了中国共产党；姐夫曾是一位光荣的空降兵教导员，参加过1998年长江抗洪救灾和2008年的汶川抗震救灾。

父亲总是教育我们，要发扬共产党员吃苦耐劳、踏实肯干的优良作风，要有"轻伤不下火线"的钢铁意志。我参军时，履行了一名武警战士保家卫国的光荣使命。每当看到珍藏的那枚功勋纪念章，内心就感到无比自豪。虽然我现已退伍，但深入骨髓的军人本色是永远无法抹去的。

今天，我身为一名国家电网工作人员，在平凡的岗位上恪守职责。不记得多少次不分昼夜地在操作现场完成安全措施、测温、巡视、调试设备；也不记得多少次风里来、雨里去，不停奔波于各个变电站；更不记得多少次因为加班加点顾不上吃饭。所有的付出只求早一点排除设备故障，早一点为大家送好电、护好航。

记得一个风雨交加的夜晚，明义变电站突然全站停电，需要及时赶往现场查找事故原因。当时狂风呼啸、电闪雷鸣，道路泥泞不堪，我和三位同事迅速驱车赶往电站，顶风冒雨进行事故抢修。凌晨3点，终于排除了故障，恢复正常供电。我和同事们疲惫地笑了，我们的付出换来万家灯火，这就是我们电力人满满的幸福。

父亲身上忠于职守、乐于奉献的红色家风，已然渗透到我们的血脉中，我们会一代代传承下去。

（作者工作单位：国家电网涞水县供电公司）

做红色家风的传承者

◇ 于随军

我出生于一个革命家庭，因从小跟随父母从一个军营调到另一个军营，故起名"随军"。

我的父亲于根山1938年参军，1939年入党，参加过抗日战争、三大战役、渡江战役，在硝烟弥漫的战场上英勇战斗，多次死里逃生，曾荣获特等功。小时候，父亲多次给我讲他被敌人包围时的惊险场面，令我印象深刻：父亲作为全营最小的通信员，在时间紧、任务重的情况下，勇穿敌人封锁线，将紧急情报送到师部，却在回来的路上被一发子弹从侧方贯穿双腿，万幸被当地老百姓救下，顽强地活了下来。父亲的事迹一直影响着我，在我幼小的心里播下一颗红色的种子。

我的母亲金秀英1947年参军，1948年入党，在部队医院后勤工作，负责抢救运送伤员。她对党忠诚，工作积极努力，今年在中国共产党成立100周年之际，母亲荣获"光荣在党50年"纪念章和"加入中国共产党 70 周年"光荣牌。

父母在血与火的革命战争年代和新中国成立初期艰苦创业、百废待兴的环境中锤炼了高尚的政治品格和精神，忠于党、听党话、跟党走，不怕苦、不怕死、以艰苦奋斗为荣，爱岗敬业，报效国家，这成为我们家的家风。

父亲常说，排行当老大的要以身示范，给弟弟妹妹做个好榜样。1967 年冬季大征兵时，父母语重心长地鼓励我："好儿女要志在四方，要到祖国最需要的地方去，保家卫国做好革命的接班人。"1968 年 2 月我参军入伍，从小在四川长大的我很难适应北方的寒冷天气，每天冻得瑟瑟发抖，手脚生出冻疮，即便如此，在新兵集训的三个月里我也从不叫苦，像父母那样，不怕苦、不怕死、以艰苦奋斗为荣。新兵训练结束后我被评为"五好战士"，分配到原北京军区总医院做护理工作。

1970 年，我遵照"把医疗卫生工作的重点放到农村去"的指示，第一批报名参加了医疗队。当时的医疗队工作条件简陋，生活条件更艰苦：没有营房，就借住在老乡家里；没有正规手术室，做手术时只能用手电筒照明；没有洗衣机，冬天手术后的带血床单就用手洗。即便这样的环境，我也从未畏惧，最终圆满完成上级安排的任务。在工作中，我通过勤学苦练，很快掌握了各项护理技术的操作常规，1973 年，在全军护理技术大比武中荣获三等奖。

1990 年，我被调到廊坊军分区第一干休所医务室，担任老干部的保健医生。我对老干部像亲人一样，服务热情周到，不管何时随叫随到、有求必应，一心为老干部服务，受到他们的一致好评。

父母的政治品格和革命精神在我们家得到传承，我的女儿是空军某飞行旅机务大队修理厂质量控制技师，女婿是空军飞行员，他们工作勤勤恳恳，为国防事业默默贡献着自己的力量。家庭聚会时，我时常将父母辈的战斗故事讲给晚辈们听，勉励他们传承红色家风，矢志报效祖国。

（作者工作单位：廊坊市军队离休退休干部二所）

父亲的勋章

◇ 李海霞

父亲去世后，我整理了他的遗物。在众多的奖状、荣誉证书和立功勋章中，有一枚勋章显得极为珍贵。

那枚勋章收藏在一个蓝色锦缎的盒子里，背面刻着"石油工业部劳动竞赛连续三年获金牌队"。那是 20 世纪 80 年代父亲和电焊中队的同事们连续几年奋战荒野的汗水结晶，它承载着一群油建汉子饮露餐风尝过的所有酸甜苦辣。

父亲退休后，经常会把这枚勋章拿出来看，脸上挂着微笑。那个时候，我会悄悄观察着父亲，尝试着去解读他专注的笑容背后的那些往事。

和大多数第一代石油工人一样，父亲是由军人转业成石油工人的，所以他和他的同事们既是同事，也是战友，他们视荣誉胜过一切。华北油田会战的号角响起，他们高唱着《我为祖国献石油》参加了油田建设，用忘我的劳动表达着热血战士们对党和祖国的忠诚。

80年代中后期，随着开发规模扩大，油田建设已经延伸到了华北地区以外的地方。父亲所在的油建一公司，每年都会组织盛大的元宵节活动，因为元宵节的第二天，父亲和同事们就要整装出发，直到下一个冬天才回来。所以那个时候，我极不喜欢过元宵节，因为第二天必定是一场送别，又要跟父亲很久见不到面。

那时的通信手段还不发达。漫长的一年中，每当有从远方工地回来的车队，大院儿里都会热闹一阵儿，车队带回的一张张皱巴巴的信纸写满了对家人的想念；而当车队又要奔赴一线的时候，也一定会带上家里人满满的期盼。

工地上带回来的每一封信都不是一次写完的，那时为了赶工程进度，工地上经常是不分昼夜的奋战。父亲说，"只有赶上下雨天或者遇到沙尘暴能见度差的时候，大家才会躲在板房里写信。经常是信写到一半的时候，天气转好了，大家又回到工位，书信只好等到下次再写。"

父亲退休后，我时常同他聊天，感慨他们那代人常年转战戈壁荒漠的艰苦岁月。"刚来华北会战的时候，放眼望去全是盐碱荒滩。当时就在想，我们的大油田不应该是这个样子，我们来这儿要让它变个样儿。"父亲说，对那里的第一印象永远都不会忘记。直到后来才在荒滩上建起了一座座集输联合站，纵横的输油管网绵延到平原以外的地方，一座绿色石油城市安然端坐在了华北平原上。

矿山公园落成的时候，我们带父母入园参观，父亲感慨地说："谁能想到如今花径水榭、亭台楼阁的地方，当年是一片荒芜。那时我们正承建任二联合站，我对这一带的地貌很熟悉……"时光飞逝，如今的任二联合站也完成了它的历史使命，曾经的站区即将建成现代化的住宅区。

作为当初油田建设大军中的普通一员,父亲的故事就如同他铺设的千百公里输油管道中的一段,而他和他战友们的事迹汇集在一起,才铸就了华北油田这枚大平原上的美丽勋章。若干年后,工作生活在绿色石油城市的子孙们回顾起这段历史,一定会记起先辈们曾经在这里艰苦奋斗,让昔日的荒原变成如今的美丽家园,那段光辉岁月必将历久弥新。

(作者工作单位:河间市第三采油厂输油作业区)

厚德家风 红色传承

◇ 崔 岩

我叫崔岩，出生于 20 世纪 80 年代一个普通的职工家庭。一家三代党员，我的祖父母、外祖父母都是新中国成立前参加革命工作的老党员，外祖母田富荣，是华北地区第一个抗日民主政府县长田裕民的侄孙女，2019 年，她老人家还荣获"庆祝中华人民共和国成立 70 周年纪念章"。

从记事起，老家的老房子里就一直贴着一张毛主席的画像，那时候我不懂，只觉得墙上贴着的画很好看，现在明白了，贴在墙上的不仅仅是一张毛主席的画像，更是共产党员的那颗炽热初心。

我的家庭里流淌着"红色"的血液，孩子们听着革命故事长大。小时候起，母亲谦虚严谨的生活态度，父亲兢兢业业的工作作风，一直感染着我、教育着我。

上小学的第一天，母亲就教导我，鲜艳的红领巾是革命先辈们的鲜血染红的，是少年先锋队的标志。我牢记父母的话，在学习中努力刻苦，争当多门学科的课代表；在各项劳动中处处争先、不怕苦、不怕累；在各种活动中踊跃参加、用心表现，第一年就光荣加入少年队，成了一名中队长。进入初中后，我决心成为最勇敢、最坚韧的"小战士"。我加入了共青团，告诫自己，要做一个党的好孩子，并时刻督促自己戒骄戒躁，将来向党组织靠拢。我开始阅读更多书籍，尤其是马克思主义著作，并逐渐确立起正确的世界观和人生观。工作期间，我通过自学先后进修了本科和研究生，在山东科技大学研究生学院拿到工程硕士学位。

2010年7月25日是我终生难忘、永远铭记在心的日子。那一天，我终于加入中国共产党，成为一名党员。2021年初，面对疫情防控的严峻形势，我作为一名有着11年党龄的党员，主动要求参加一线排查工作，全力做好"排查员、宣传员、疏导员、服务员"等工作，充分展现能顶"半边天"的巾帼党员精神。

我相信勤能补拙，也相信天道酬勤。我爱学习、肯钻研，近两年来，对外发表文章200余篇，在《中国政府采购报》《河北财政》等国家级、省级刊物上刊登文章20余篇，宣传推介磁县的公共资源交易工作。我本人先后被县里评为"最美勤务员""优秀志愿者"。

我没有惊天动地的豪言壮语，也没有轰轰烈烈的丰功伟绩，宛如绽放在滏阳河畔的一朵兰花，默默无闻地装扮着一方小小的天地。我将在优良家风的传承中，始终不忘"来时路"、走好"脚下路"、坚定"未来路"！

（作者工作单位：磁县公共资源交易中心）

缅怀革命先辈 传承红色家风

◇ 李 云

我的家乡是邢台南宫市紫冢镇张侯瞳村。从小就听家人和父老乡亲提起,我们是一个革命家庭,有共产党员数人。

曾祖父李玉田为人耿直、厚道,曾祖母李杨氏在抗战时期曾担任本村妇救会主任,两次被囚禁,把年仅十八九岁的长子李登哲送到部队,大儿子牺牲后,又让二儿子李登臣参加革命并入党。

外曾祖父董振田是张稳村人,生于清末,后投身教育,传播爱国新思想,曾入狱两次,新中国成立后参与创建张侯瞳完小并担任校长,1976年因病去世。外曾祖父的弟弟董振修受哥哥影响,1932年加入中国共产党,1937年参加八路军,在129师386旅某连任指导员,1948年在解放太原战役中光荣牺牲,时年仅33岁。

耳濡目染下,我感受到作为这个家庭一员的骄傲。家中长辈也经常告诫我们,要传承红色基因,"作为一个革命烈士的后代,要保持艰苦奋斗的作风，努力学习和工作，认认真真做事、做人才是本分。我们是普通人，但在国家和人民需要的时候，就要学家中先烈，奋不顾身地挺身而出。"2016年12月，我光荣地加入中国共产党。

2021年1月，我的家乡南宫发生新冠肺炎疫情。面对突如其来的疫情，作为党员的我没有害怕，没有退缩，积极申请加入镇党委组织的方舱志愿者队伍，奔赴"没有硝烟的战场"，家中的老老少少也都支持我。

我们这支抗疫队伍由5名镇机关干部和15名志愿者组成，还成立了临时党支部，口号是："党旗在阵地飘扬，我是党员我先上！"大家一起承担起冀南家具产业园集中隔离场所180多人的防控任务。

我们把每一名集中隔离人员都当成自己的家人，开启"打造温暖方舱"计划。由于每次发放饭菜都需要20多分钟，为了保证饭菜温度，我们准备了棉被和床垫，从饭菜出锅就裹得严严实实，发到隔离人员手中时依然冒着热气。隔离人员中，有的老人心脏病犯了，有的孩子心情烦躁……针对各种突发情况，我们第一时间协调解决，细致入微的服务让这里的群众倍感温暖，我们还收到了很多封感谢信。

我是烈士的后裔、革命的后代，我的身体中流淌着红色的血液。入党不为名利，只为传承，传承我党的光荣传统，践行全心全意为人民服务的宗旨。我会踏着烈士们的足迹继续走下去，遵循党的教导，永远保持一名共产党员的本色！

（作者系南宫市紫冢镇张侯疃村村民）

一身担正气 言行传后人

◇ 李莹

爷爷已经离开我们23年了,但他教我唱过的那些红色歌曲的熟悉旋律仍时常回荡在耳边。

我的爷爷叫李洁,1921年出生,1938年参加革命并入党。他活跃在冀鲁边区,和时任"冀南文化界联合救国会"主任的吕器同志并肩战斗,一起创作抗战鼓词、谱写歌曲,唤醒民众的爱国意识,始终对党忠诚,对人民无限热爱。

新中国成立后,爷爷长期从事教育工作,处处用党员的标准约束自己,把全部心血倾注在教书育人上,任劳任怨,苦干实干,多次被评为"优秀教师"。

在爷爷的教育和影响下,我的父亲严于律己,作为一名医务工作者,始终把人民的健康放在首位,长期扎根基层,踏实工作,一心一意为群众服务。2005年,父亲在东光县金庄乡卫生院院长职位退休后,仍继续为医疗事业发挥余热。我的弟弟也秉承了爷爷严谨实干的奋斗精神,工作中积极进取、勇于创新、忘我科研，2021年获得市级"优秀科技工作者"荣誉称号。

离休后的爷爷经常和我讲述那段峥嵘岁月。我见过爷爷谱写的密密麻麻的曲稿，那些音符像一颗颗跳动的心，带着铿锵的旋律飞到劳苦大众的心里。爷爷还教我学唱这些曲子，他吟唱时那庄重的神情伴着激昂的曲调，把我带回那个烽火年代。我感慨地说："你们太不容易了！"爷爷严肃地说："孩子，你要记住，通向光明的路都是曲折又漫长的。"

受爷爷的影响，我在工作上也处处严格要求自己，实干肯干，锐意进取，多次被评为"先进工作者"，并于2017年加入中国共产党。业余时间我爱好写作，发表多篇文章并出版了自己的作品集，2021年加入省作家协会。喜欢看红色书籍的我，写了不少书评。

2021年，我有幸参与了东光政协《百年丰碑》一书的采编工作。在查找烈士资料和采访抗战老兵的过程中，我的心灵受到强烈的震撼。当我书写那一幕幕战斗场景时，爷爷谱写的抗日歌曲的旋律成为我创作的强大动力。

峥嵘岁月百年路，盛世华夏万代春。爷爷厚植的爱国爱党情怀，深深影响了我们两代人。今年是中国共产党成立100周年，爷爷若泉下有知，一定会为后代对红色基因的传承感到欣慰。

"最好的纪念就是坚守"，爷爷坚定的革命意志、甘于奉献的奋斗精神，永远是我们淳厚的家风，必将一代又一代接续传承。

（作者系沧州市东光县妇幼保健院副院长）

永做革命事业接班人

◇ 乔柳

安平是块红色的土地,也是我的故乡。

1986年,我就出生在这块红色的土地上。听婆婆说,1938年,吕正操司令在婆婆家的义里村召开过一次万人抗日动员大会,掀起军民抗日高潮。贺龙师长也是在当年的义里村征兵,婆婆的奶奶亲自把16岁的儿子送到部队,叮嘱他要英勇抗日。

爷爷也是一位复员军人,曾在部队开坦克,还参加过抗美援朝。我的爸爸告诉我,爷爷当年仅16岁就参军入伍,积极响应号召,踊跃报名奔赴朝鲜战场并荣获7枚勋章。爷爷的哥哥也是一位军人,不幸牺牲在战场上。

爷爷经常给我的父辈和我们这一代讲述抗美援朝的故事,使我们从小就立下"忠于职守、勇于担当、敢闯敢干、不怕牺牲"的决心。

我的丈夫也出生在一个红色家庭。他的老爷爷是位地下党,在抗日战争和解放战争中,做了许多送情报、救伤员、掩护游击队员、疏散群众的工作,新中国成立后任村支书多年。我公公也是一名退役军人，曾经在训练中伤了一侧的耳朵，至今不能听见声音。丈夫是一名退役的消防士官，2008年汶川地震时，正在驻佳木斯某部队服役的他随队奔赴汶川开展救援工作，同年荣获部队颁发的三等功证书。

武汉新冠肺炎疫情发生，全国支援武汉的动员令一发出，我和丈夫就商议，如有机会将第一时间报名！县医院召开支援武汉抗疫动员会后，我第一个报了名并告诉了丈夫，他非常支持，说："你放心去吧，去武汉救人是第一位的，家中的事我安排。"在正定飞机场等候时，我接到母亲和婆婆打来的电话，她们都说："乔柳，你放心去吧，两个孩子我们一定好好照顾，你一定要做好防护，积极抢救武汉病人，我们等你安全、胜利地回家。"听了她们的话，我十分感激家人的支持，使我安心放下5岁的儿子和两岁多的女儿，勇敢奔赴抗疫第一线。

在武汉的40多个日日夜夜中，我们打起十二分的精神，在工作中不敢漏掉任何一个环节。我们要对患者的病情进行密切观察，分发药品以及生活用品，还要进行必要的心理辅导，有时还会引导患者们唱歌跳舞，舒缓压抑的心情。一个班下来，好像打了一场硬仗，重重的防护服下体力透支得厉害，好像从水里捞出来的，浑身上下没有一处不湿的地方。武汉市各级政府、市民、病人及来自各地的同行，给了我们很大的支持。

自从去了武汉，我学会了感恩，这将伴随我的一生。我第一时间写下入党申请书，在县委组织部的统筹安排下火线入党，以党员的标准全身心投入到救援工作中。

通过武汉抗疫的亲身经历，我深深体会到红色基因的重要性和强大，我也要言传身教，让一双儿女传承红色基因，发扬光荣传统，一代一代传下去。

（作者工作单位：安平县人民医院）

我的大伯

◇ 李红朴

我的家乡是保定冉庄，冉庄地道战闻名遐迩，而我的大伯李恒彪就是地道战的亲历者。他是一位革命老兵，参加过国庆 70 周年阅兵。

大伯 15 岁就参加了冉庄民兵连，挖地道、参加地道战，后来担任县民兵连爆炸排排长。1988 年离休后，大伯回到冉庄，做起义务讲解员。他说："我就想做一件事，把冉庄的抗战故事讲给大家听。这段岁月我们不能忘。"这一讲就是几十年。

讲解的空闲时间，他就把以前的点点滴滴记录下来，出版了《烽烟岁月——关于冉庄的回忆》这本书。"我现在每天还在抓紧时间写，争取再出一本书，不为别的，就是想让冉庄人、全中国人了解这段历史。"大伯说。

大伯走上革命道路，离不开爷爷的教育。我的爷爷 1925 年加入中国共产党，同年，按照上级指示，和地下党员一起秘密筹建中国共产党清苑县委员会和清苑县人民政府。之后，爷爷回到农村，以教学为掩护，继续开展革命工作。1938年，爷爷担任清苑县第二区区委书记兼区长，1939年秋天，在冉庄被日寇抓捕、杀害，牺牲时年仅33岁。

在那个特殊的时期，爷爷的故事几乎没有文字记录，但爷爷有写日记的习惯，从他留存下来的日记中依旧能看出革命前辈的精神风貌。有一次，爷爷回到冉庄，见到家人，叮嘱说："要牢记，不管身处什么样的艰难环境，都要跟党走，跟着中国共产党才是我们老百姓唯一的出路。要把孩子们管好、教育好，希望全家人按我说的去做，为国家出力。"

作为一位冉庄抗日民兵，大伯对当年的战斗记忆犹新。当年，大伯和战友们利用地道优势配合武工队、野战军对敌作战157次，打死打伤敌人2100余名，抗战时期，冉庄村曾获"抗日模范村"称号。

如今，大伯依然坚守义务讲解员的岗位。我每年回乡都要去探望他，他总是教育我们要好好工作，传承红色文化。

在工作中，我也常常以前辈的精神激励自己。遇到生活有困难的学生，我就尽己所能去帮扶；遇到学习有困难的学生，我就主动利用课余时间给学生补课；对于不爱说话的学生，我就主动和他们沟通；我会主动关心单亲家庭的孩子，让他们享受大家庭的温暖。

祖辈塑造的冉庄精神广泛传播，我们也要尽自己的力量，把冉庄的红色精神发扬光大。

（作者工作单位：河北地质职工大学）

优良家风照我前行

◇ 燕豪杰

我出生在定兴县东落堡乡田侯村，多年来，一直牢记并秉承着母亲传给我们那"艰苦朴素，甘于奉献"的优良家风。"农业战线上的一朵金花""农民致富的贴心人"，每当村民们谈起母亲都会赞不绝口。

母亲生于1947年，成长在艰苦岁月，18岁开始担任东落堡乡东落堡村农业技术员，后来先后被聘为专职棉花技术员、定兴县棉麻公司技术员。"读书是我的好习惯，艰苦朴素是我的特点，真干实干是我的本色。"母亲原本是个普普通通的农村妇女，只有小学文化程度，但她克服了种种困难，以顽强的毅力刻苦钻研各种农业科技书籍，并学以致用。

从小长在农村的母亲看过太多人因为缺少棉花挨冻受穷，于是开始学习棉花种植技术，决定用科技让乡亲们不再挨冻。为了尽快提高棉花种植技术，她曾拜棉花专家李文昌和孙喜教授为师，阅读了上百本农业技术书籍。母亲对工作兢兢业业、任劳任怨，曾连续两年在保定地区棉花培训班上讲课，并编写了长达5万字的《棉花生产技术知识》一书，发往全区各县。

母亲在平凡的岗位上做出了不平凡的业绩。在受到广大群众一致好评的同时，党和人民也赋予母亲崇高的荣誉：1982年当选为县人大代表，1988年当选为省人大代表，1982年被评为县劳模，是县、地、省三级先进科技工作者、劳模及三八红旗手，1994年又获得中华人民共和国贸易部荣誉证书。河北电视台曾以母亲为原型，拍摄制作电视连续剧《银海沧桑》。

如今，母亲已年过七旬，仍然保持着当年的干劲和热情。退休后，自己在家里办起农业科技服务站，每当村民有问题请教，她总是耐心地讲解，无偿提供各种科技服务。

母亲一生勤奋刻苦、无私奉献的品质深深影响着周围的人，更根植在我的心中。1999年，我大学毕业后，响应国家号召，在母亲的支持下到部队当兵。在部队，因工作出色曾荣获全集团军"学习标兵""优秀士兵"荣誉称号，次年加入中国共产党。退伍后，我又到山东潍坊市中医院进修，2007年分配到定兴县中医院工作。从医14年来，一直牢记着母亲对我的教诲，始终用一颗爱心对待患者，用真心对待工作。

2020年，一场突如其来的新冠肺炎疫情席卷全球。1月23日，农历除夕前最后一个工作日，武汉成了全国的焦点。作为一名退伍军人、一名共产党员、一名医务工作者，我毅然写下请战书，参加首批赴石家庄机场支援疫情防控队伍，从事新冠肺炎确诊、疑似、密切接触者的转运，120急救及隔离点执勤等工作。在支援疫情防控工作的42天里，我每天工作近20个小时，从未喊过一声苦和累，用实际行动践行着责任与担当。

2021年春节前夕，石家庄疫情再次来袭。1月10日，我再次请命出征，赴石家庄市急救中心支援疫情防控工作，在那里度过难忘的春节。

我常说，母亲是我的榜样，我要做像母亲那样无私奉献、服务于社会的优秀党员。正是受到良好家风的影响，我的两个孩子在学校尊敬师长、友爱同学，积极参加学校组织的各种活动，并多次获得优秀团员和优秀少先队员的称号。

（作者工作单位：定兴县中医院）

小孝于家　大孝于国

◇ 梁莉莉

家是最小国，国是千万家。对于一个家庭而言，良好的家风必不可少，"对国家尽忠，对长辈尽孝，对兄弟姐妹尽义，对妻子儿女尽情"，这便是我家的家风。

要说"对国家尽忠"，得从我爷爷说起。爷爷酷爱山西梆子，晚上无事时常常给父亲兄弟几个讲戏文，《隋唐演义》《岳飞传》《杨家将》是最常讲的，也许从那时起，对国家尽忠就开始默默在父亲心中生根、发芽。

我的父亲只是一个平凡的工人，但他对国家的忠诚、对国家的热爱，常常令我感动。他出生在1949年，生活非常困苦。长大后，父亲被分配到工厂上班，祖国让父亲获得新生，改变了他的人生。尽管他只是一个普通的工人，没有任何官职，但这丝毫不影响他努力工作。他爱厂如家，常常在完成本职工作之余主动去维护厂里的生产设施。他从不迟到早退，即便是在90年代，工厂即将重组合并时，他还是准时出现在厂里，等待着再生产。得知工厂重组、面临下岗时，他黯然伤神，默默流泪，但没有一句怨言，响应国家号召，毅然自谋职业。

当时，我们姐弟三人正在读书，父亲的下岗让生活陷入困境。父亲没有怨天尤人，学着别人去卖菜、卖杏干，在集市上讨生活；他去私人工地当小工、卖苦力，用弱小的身躯支撑着生活。

受他影响，我们姐弟更加勤奋学习。为了解决我们的学费，父亲包了30亩地，只要放假，我们全家齐上阵，都在农田里耕作，春种、夏锄、秋收，靠着这30亩地和父亲打零工，我们度过了那段最为艰苦的岁月，并考上了理想的学校。

随着时间的流逝，我们姐弟三人参加了工作，父亲也有了退休工资，生活慢慢好起来，可是父亲却闲不住。他去小区打扫卫生，把这份工作当成事业来做，把自己负责的区域打扫得干干净净。

父亲对国家的忠诚还体现在对我们的教育上，我们姐弟几个都认真工作，任劳任怨，从不懈怠。弟弟18岁时，父亲坚决地把他送到了部队，让他去保家卫国，报效祖国。

"对国家尽忠"已深植于父亲内心，成为他的一种精神信仰，他也把这种精神不知不觉传递给我们，而我们在生活中又不知不觉中传给了我们的孩子。

不幸的是，我父亲前年患了重病，需要长期化疗、放疗，其中痛苦可想而知，当我的弟弟想放弃签四期士官回家尽孝时，父亲说："自古忠孝不能两全。你在部队踏踏实实好好干，你两个姐姐会照顾我。"弟弟哽咽着回了部队。父亲在化疗最痛苦的时候，也坚持没给弟弟打一个电话，生怕影响他。

作为一名光荣的人民教师，我常常希望，我们的每一位教师都将自己优秀的家风在潜移默化中代代传承。千千万万个家庭的优秀家风，就能组合成一股强大的力量，让我们的国家日益强大！

（作者工作单位：蔚县西合营镇中心校工会委员会）

赓续传承红色血脉

◇ 贾佳

我的爷爷贾廉斋，1920年出生在大名县束馆镇闫庄村，24岁参加革命工作，1949年加入中国共产党。2019年，99岁高龄的爷爷去世。乡亲们都说："这就是好人长寿。"

爷爷一生将"好人"赋予了十分厚重的内涵。幼时的我不太懂，现如今已读懂爷爷的一切，而最早读懂的就是爷爷留下的8枚军功章——抗日战争军功章、淮海战役军功章、解放华中南军功章、解放纪念章、抗美援朝纪念章……

在我的追问下，爷爷给我讲过一些发生在战火纷飞年代的故事。1941年，爷爷被选为粮秣委员，在日军严密封锁的情况下冒险送情报、收公粮，往返于敌占区和根据地之间；1944年，爷爷考入晋冀鲁豫干部学校，毕业后加入解放军，其间两次负伤、五立战功；1950年10月，爷爷又跨过鸭绿江参加抗美援朝战争，再两立战功。

步入和平年代，爷爷悄悄把一枚枚军功章收

起，投入到新中国火热的建设中。1958年，爷爷响应党的号召，到黑龙江853农场5分场开发北大荒。当时的北大荒，"千里无人烟、举目荒草滩、夏日蚊虫咬、冬天冰雪寒，住的是帐篷，吃的是粗饭……"尽管如此，爷爷还是顽强坚持下来，和战友们把北大荒建成了北大仓，建成国家战略储备粮基地。1964年，爷爷转业到地方工作，20余年来，爷爷始终不丢军人本色，领导的单位多次被评为先进。

爷爷90岁时，生活已不能自理。喂水、喂饭、翻背、洗澡、按摩……父亲贾铁山和母亲许永利担起了照顾爷爷的重任，近十年无一日懈怠。岁月长河里，人生短暂，要用十余年去守望一个病人，所付出的牺牲难以想象，父母将中华孝悌文化做了很好的诠释。

红色家风代代赓续。爷爷对党的忠诚、对革命工作的热情，以及高风亮节的人格风范，在父亲和我的身上得以延续。

父亲目前是邯郸市新华书店大名县分公司的负责人，他与时俱进，带领全体员工圆满完成了全县20个乡镇、76万常住人口、12万在校学生的图书发行任务，并实现了大名县651个行政村图书阅览进农家的全覆盖。近年来，父亲和他所在单位荣获"全省学雷锋活动模范岗""四个一批"人才等一系列荣誉。

作为一名"90后"，我在祖辈和父辈营造的真善美家庭环境中长大，目前就职于邯郸市新华书店。不久前，我参加了由邯郸市委宣传部、市总工会等部门举办的"劳动创造幸福——弘扬劳模精神、工匠精神"主题征文活动并荣获一等奖，为集体争得了荣誉，并在新员工考核中名列前茅，我愿以这份荣誉告慰九泉下的爷爷，并一定把红色家风传承下去。

（作者工作单位：邯郸市新华书店有限责任公司）

颂百年风华 传红色基因

◇ 张永梅

今年,古稀之年的母亲苗喜云把参加过三大战役的姑姥姥苗国芳的生前文稿进行编辑整理,再加上家人们的怀念诗文,整理成一本革命回忆录《雁南飞》。

在童年记忆里,我第一次记住姑姥姥的名字,是8岁那年的一个冬天。妈妈从外面带回姑姥姥从南方寄来的一件小棉袄,妈妈一面给我试穿,一面给我讲姑姥姥的故事。在我10岁那年,姥爷患脑血栓重病期间,姑姥姥回家探望,我终于见到归乡探亲的姑姥姥。

虽身在千里之外,姑姥姥却对家里的大事小事关心备至,总会从不多的工资里拿出一部分按时寄给家里,帮助家里度过许多艰难的日子。她关心家里孩子们的成长教育,鼓励大家努力学习、勤恳工作。我的妈妈就是在她的影响下,走出小山村成为一名大学生,最后成长为一名国家干部。

"春来早,雪紧紧地抱住那祖母绿的小草吻着。

藏在一旁的兰花花，偷着瞧，偷着笑。"这首《春来早》是姑姥姥创作的一首小诗，读着诗句，我仿佛看到十来岁的姑姥姥就像嫩绿的小草，有着勇敢坚强的革命斗志。

1937年冬天，我的家乡行唐县口头镇成立了抗日救国总动员委员会，姑姥姥家是当时的抗日救国堡垒户，家中的那间小土屋成为地下工作人员的联络站。年仅12岁的姑姥姥，正是在那间小土屋中接受了共产主义的熏陶，和家人一起走上革命的道路。

在1939年秋天日军的"大扫荡"中，姑姥姥为了全村百姓的安危潜入被敌人占领的家中，取回了侦察员埋在院子西墙根下的手枪。姑姥姥在《夕阳下闯虎穴》中记录下日军残暴的罪行，在《告慰二哥》中记录了她二哥苗国祥烈士牺牲的经过。

正是国恨家仇的痛彻心扉，姑姥姥挺起坚毅的身躯，在革命的道路上倾洒热血。1949年2月，姑姥姥随军南下，解放接收安徽省贵池县。

"春在低喃：活着的，不一定就是醒着的；我只愿结识清醒的生命。"1985年，在安徽省化工设计院办公室主任岗位离休后，姑姥姥紧跟时代发展，报名参加了合肥老年大学，努力学习新知识。酷爱写作的她拿起手中的笔，孜孜不倦，勤奋耕耘。

2008年，83岁的姑姥姥永远离开了我们。此后，每年的清明节，我都会和妈妈一起去悼念她，一起阅读她的文章，讲述她的故事，追忆她不平凡的人生。我想，这也许就是最好的家风传承吧！

（作者工作单位：石家庄幼儿师范高等专科学校）

让优良家风代代相传

◇ 口述／王元顺　执笔／陈　正　滕雪叶

我生于1957年，4岁时患上小儿麻痹，落下终身残疾，坚持读到了初中毕业。虽然落残的右臂比左臂细一半，手指有些畸形，我却爱上了家中的缝纫机。从最初笨拙地穿针引线，到熟练操作跑直线、挖兜、纳鞋底……我单脚踩着踏板，找到了人生的自信。

1974年，霸县（现霸州市）第一服装厂招工。我顺利通过企业独设的考试，成为厂里唯一的男缝纫工。8年间，我几乎干遍了服装厂所有工种，技术水平超过好几位老师傅。

1982年，我放弃"铁饭碗"，在家里办起服装裁剪培训班。培训班最火的时候，一天有300名学员。事业成功，我赢得了鲜花和掌声。可其间接触到的一个个残疾学员，却让我萌生转型的想法：不少残疾学员在遇到我之前，因为缺乏一技之长，很难找到工作。我想，何不专门办一个针对残疾人的技能培训班呢？

从 2004 年开始，我的培训学校只招收残疾人，且培训范围逐步扩大，设有盲人按摩、电子商务、服装裁剪、手机维修等十几种专业技能培训课程。我先后创办了服装公司、网络科技有限公司、残疾人职业培训学校，为残疾人学技术、就业创业保驾护航，用自己的努力帮助残疾人朋友更有尊严地生活。

事业成功的背后是妻子刘四霞的默默付出。她几十年如一日地关心、理解、支持我的工作，并无怨无悔地承担起家庭重担。多年来，每当我遇到工作上的困难和身心方面的病痛，妻子都用自己的方式帮我化解，渡过了一次次难关，让我倍感温暖。

近年来，我的培训学校先后培训 4000 多名残疾人学员，为他们开辟了缝纫、计算机、按摩、养殖等多种就业渠道。在翻建教学楼资金困难的情况下，我和妻子依然积极为汶川大地震、玉树地震救灾捐款，跟踪关注毕业后的残疾人就业情况，针对需求给他们赠送电脑、缝纫机、手机维修工具、轮椅等。

教育管理孩子方面，妻子也承担得更多一些。如今，孩子们已长大成人，长子在部队服役，多次立功受奖；次子在大学被评为"三好学生"，并被学校保送读研。

"之前我一直在部队服役，回家的时间比较短，每次和家里通电话，父亲都会对我的人生方向进行指引。在他身上，我发现了自强、自尊和自爱，以及放眼未来的眼光。"儿子王者风现在任圣沅残疾人职业培训学校主任，他说要像我一样投身公益，帮助有需要的人。

"残疾人公益事业还在路上，永无止境。要有愚公移山的精神，子子孙孙代代相传。"我经常这样教育儿子，我和我的家人也会沿着当初的目标一步一步走下去，将这份事业与责任代代相传。

（口述人工作单位：廊坊市圣沅残疾人职业培训学校，

执笔人工作单位同为廊坊日报社）

从孝百业成 家和万事兴

◇ 付宏伟

我是邢台市威县孙家寨村一名普通的"80后",2010年开始照顾全村孤寡老人,建起"没有围墙的敬老院"。在我的影响带动下,威县目前已经发展了40余个"孝亲敬老村"。

2016年5月,我带着烛台、族谱和爱心登记簿三件宝贝走进中央电视台《我有传家宝》栏目组,向全国观众分享了自己的孝道故事和家风感悟。"长大以后要学习蜡烛,去照亮别人,而不是借助别人的光照亮自己。"爷爷留下烛台后,不仅用语言讲道理,更用实际行动影响着我。

在我小时候,爷爷是村支书,在那个自己温饱都难以解决的年代,只要听说谁家揭不开锅,爷爷准会把他们接到家里吃饭。爷爷的一言一行,就像种子一样撒在我心里。正是这种关怀精神鼓舞着我,我才能做到坚持十几年给村里的老人送饭。看到老人们吃上可口的饭菜,脸上露出幸福的笑容,我的心里更是漾起阵阵暖流。

《付氏族谱》是一卷长2米、宽2.5米的画布族谱，上面写着付氏历代的先祖宗亲，到我这一代已是第21代。祖上教育后人要做有德行的人，"从孝百业成，家和万事兴"便是付氏的家训。

　　当年，我从农村考到石家庄上学，毕业从事医药工作，年薪达到百万元。后来，父亲的一次生病让我百感交集：自己在外整天忙碌，却忽视了在老家的父母，一旦他们有个闪失，自己连个尽孝的机会都没有，岂不是抱憾终生？在家中照顾父亲时发现，孙家寨村65岁以上的老人有113人，还有80多户是"空巢"家庭，这些老人的儿女不在身边，谁来伺候、孝敬他们？思前想后，我毅然放弃高薪工作，回到故乡，孝敬父母和全村老人，搞起规模种植，带领群众致富。当初作出回家为老人们尽孝的决定后，消息一传出去，立马在孙家寨村炸开了锅，有人说我"神经"，有人说我出风头，可这些都挡不住我回家尽孝的愿望。

　　回村后，我带领几名义工坚持给村里孤寡老人送粮食和衣服，保证丰衣足食。"9月12日，付占刚，面粉一袋……"在我的爱心登记簿上，记录着一个个爱心人士的名字，这也是邻里乡亲对我做的事从不理解到支持的见证。坚持一年多后，村里人开始半信半疑，又过了半年，村里人完全被我的举动所折服。早上经常看到门口有米、面等物品，乡亲们以这种方式默默支持着我。几户村民联合起来，免费提供一块地建"孝道菜园"；听说我想建敬老院，村里的党员干部和几十名村民代表一致同意免费提供土地；村民们有的捐钱，有的捐建材，有的捐器材……

　　不忘初心、牢记使命。对我来讲，我的初心就是崇德向善之心、博爱敦厚之心。我会一直做下去，将这种尊老爱亲的美德传承下去。

（作者系威县孙家寨村党支部书记）

百善孝为先

◇ 夏雪婧

俗话说,百善孝为先。"孝"源于心,"爱"生于情,孝老爱亲是中华民族的传统美德,是先辈传承下来的宝贵精神财富,是家庭美满幸福的基石。

我出生在一个普通的农民家庭,自幼家风淳朴,与邻里相处融洽,自成家以来,一直和公婆及92岁高龄的奶奶同住。"家有一老,如有一宝。"作为年轻一代,赡养老人即是传统美德,也是我们子女应尽的义务。我以孝道为荣、以奉献为荣,用实际行动践行着孝道。

之所以能真正做到孝老爱亲,离不开家中长辈的言传身教。奶奶年轻时命运多舛,她的丈夫作为一名远近闻名的外科大夫,曾任固安县人大代表,固安县第一例成功的开颅手术就是出自他手,可惜英年早逝,奶奶独自将两儿一女养育成才,其中的艰辛不可言表。

老人节衣缩食,自己再苦再累,也从没有放

松对子女的管教，时常教导儿女："不学礼，无以立。"在她的谆谆教诲下，儿女们都养成谦和知礼的性格。

我来到这个家庭，也被浓厚的孝老爱亲的和睦家风所感染。对老人百般呵护，从衣食住行各个方面，将公婆和奶奶照顾得无微不至。奶奶行动不便，我会每周抽出时间，推着轮椅带老人去公园散心；一有时间，就会拉着奶奶的手陪她说话，老人家年纪大了有时总是重复一个话题，我也会耐心倾听；奶奶上了岁数肠道功能逐渐退化，我就变着花样做些既可口又好消化的食物给她吃。有时，我甚至会为了满足老人的饮食健康需求，不惜来回奔波几十公里去采购新鲜又健康的食材，为老人做一顿可口的饭菜。

父母是孩子的第一任老师。作为两个孩子的妈妈，我也为他们树立了一个好的榜样，要求孩子们从小树立孝老爱亲、尊敬师长的良好品德。我工作的社区经常组织志愿服务活动，其中就包括孝老爱亲活动，只要不影响孩子的学习，我都会带上孩子一起参加。

通过日常的耳濡目染和志愿活动中的言传身教，家里的两个孩子也蜕变成了"小暖男"，不论什么时候，都会把手里的好吃的让长辈先品尝，长辈身体不舒服时，会及时关切地送上一杯热水……

奶奶常拉着我的手忆苦思甜，回想当初和现在幸福美满的日子，真是天壤之别。老人每每说到党的恩情，总是眼泛泪花。在大力倡导践行社会主义核心价值观的今天，在我们这个四世同堂的家庭中，孝老爱亲的优良传统正在一代代传承下去。

（作者工作单位：廊坊市固安县社区办新源街东社区）

传承好家风 四世同堂乐

◇ 刘玉红

好的家风是一种无形的力量,潜移默化地影响我们的品格、塑造我们的心灵。我的家庭是一个四世同堂的传统之家,在这个温暖的大家庭里,一直传承着孝老、诚信、博爱、勤俭的家风。

百善孝为先。2005年,婆婆生病,我和丈夫忙前跑后地求医问药、精心照顾,带婆婆辗转保定、北京多家医院进行治疗,最后还是没能挽回婆婆的生命。当时公公76岁,看到他消瘦、伤心的样子,我们看在眼里,疼在心上。我和丈夫把公公从农村老家接到县城照顾。由于老人年轻时生活在白洋淀水乡,常年劳作,腿部受过伤,身体出现很多问题。我们带公公去医院做完全身检查后,将查出的问题进行逐项治疗并定期复查,每天还精心制作适合老人吃的营养餐。

买菜、煮饭、研究菜谱……我和丈夫在为老人做饭方面分工明确,他采购菜品,我制作菜肴,有时间还一起研究"温暖菜谱"。由于老人身体原因，不能吃凉的食物，为了让老人每天吃上热乎的饭菜，我们家里购买了两个电饭锅，一个用来做饭，一个用来保温。我和丈夫有时候工作太忙，闺女和女婿也会主动帮忙。

孝顺不仅仅是做一日三餐。两个电饭煲，一份热乎可口的饭菜，一家人坐在一起其乐融融，这才是家中最幸福的时刻。温暖的家庭氛围让公公身体硬朗、心情舒畅。老爷子今年已经91岁高龄，每天哼着小曲儿出门遛弯儿，在家里还经常看着两个重外孙玩耍，开心幸福地安享晚年。

2020年是不平凡的一年，突如其来的新冠肺炎疫情给我们的生活、工作都带来了不小的变化，那些奋战在抗疫一线的"逆行者"的身影更让我们深切感受到平凡而伟大的力量，我的丈夫和女婿也参与其中。丈夫在雄安新区安新县交通局工作，女婿是雄安新区安新县公安局的一名特警，他们都是共产党员。2020年6月，安新县、容城县、雄县采取严格的疫情防控措施，丈夫、女婿一直坚守在抗疫一线，守护着雄安新区群众的身体健康。在做好本职工作的同时，他们还多次参与慰问、捐款捐物等活动，践行初心使命。女婿每次出门前都会跟孩子们说再见，回家后也会告诉孩子们自己工作中的见闻和感受，还经常教给孩子们科学防疫的小知识。他说："疫情面前，每家每户都是防控卫士，好家风才能撑起全民抗疫的好风气。我认为，把自己的工作分享给孩子、做给孩子看，这就是最好的榜样，对孩子的成长非常有意义。"

传承好家风，四世同堂乐。多年来，我们这个家庭儿孙孝顺、家庭和睦。我们深知，只有每个小家都有充满正能量的家风，国家这个大家才能拥有和谐美好的模样。

（作者工作单位：雄安新区安新县卫生健康局）

从『深海蓝』到三尺讲台

◇ 田耕

"共产党员要从严要求自己,一定要冲在前面,时刻对得起自己入党时的铿锵誓言!"在大学入党宣誓仪式结束后,我收到爷爷发来的短信,虽然话不多,但我铭记于心。

1960年,爷爷考入青岛海军潜艇学院,穿上"深海蓝",成为一名光荣的潜水兵。直到1990年,30年岗位流转,爷爷初心却始终不变。依稀记得爷爷的行李中有一沓厚厚的信纸,爷爷动情地说,这些都是他当年写下的遗书。对于高风险的潜艇部队来说,官兵出海之前写遗书不算新鲜事。爷爷从军多年,执行重大任务无数,遭遇过的危险现在讲起来还让我心惊胆战。

有一天,爷爷突然接到赴某海域战备巡逻的任务。执行任务前,爷爷又一次摊开笔记本,把老人、妻子、孩子等能想到的人都安排得清清楚楚。然后,爷爷把笔记本工工整整地摆在办公桌中间。怕万一发生意外,其他人发现不了,爷爷又打开笔记本，将写有太多惦记、牵挂和不舍的那张活页纸往外拽了拽，露出一角之后才慢慢合上。

多年后，爷爷再次谈起那次任务依然感慨万分，执行过很多重大任务，写下很多遗书，是党员和军人的身份让他义无反顾。我从爷爷的身上感受到，共产党员肩上扛的是责任、担当，胸怀的是国家、天下。

记忆中，爷爷总是穿着一身深蓝色的军装，我知道，那是大海的颜色。在那片深蓝之下，澎湃着爷爷作为党员的责任，澎湃着对祖国的热情、对家人的深情、对大海的激情。后来，爷爷转业，成为一名教育工作者，又将对大海的深情化成对三尺讲台的热爱。2018年春节，爷爷的一位学生来看他时说："老师，我们最爱听您讲课，您语言幽默生动，我们听着过瘾！"

如今，我也成为一名人民教师。爷爷时常和我聊天，他常说："党员教师，不能忘本。"有一次，学生晚上11时打来电话请教问题，我有些不耐烦地说："太晚了，明天再说吧。"但不知什么时候，耳边仿佛出现了爷爷的声音："田耕，赶紧把那道题解出来，发微信告诉孩子！"

我从爷爷那一张张泛黄的遗书里读到了"不忘初心、牢记使命"的内涵，从爷爷由"深海蓝"到三尺讲台的历程里找到了前行途中的指路明灯。

（作者工作单位：泊头市第二中学）

红色家风代代传

◇ 高扬畔

2021年是中国共产党成立100周年,87岁的我不禁热血沸腾、感慨万千。

我的祖父是一位农民,不会讲大道理,但他用实际行动为子孙后代做出了榜样。以前,每年秋天交公粮时,祖父生怕用小碾子把小米碾碎,都在大碾子上推谷子,然后挑最好的小米交公。抗日战争时期,我们村大,群众基础好,是抗日模范村,常年住着八路军。日军每次扫荡,八路军伙房的米和面都要藏到各家各户。有一次,我家分到一桶面粉,祖父怕埋起来发霉,就跑到哪背到哪。一天,祖父背着面藏在村北山坡半山腰的小石洞里,但不幸被扫荡的日军发现,最后惨死在日军枪下。

我的父亲读过书,1938年开始在村里教书。起初是义务教书,后来村里给他一点小米作为报酬。当时,一听说日军要来的消息,父亲就急忙分散学生,一个个送到家长那里。母亲去世早,父亲也顾不上年纪尚小的我,只是几句嘱咐,让我跟着爷爷奶奶跑。那时,不懂事的我还有些怨气,觉得父亲把学生看得比我还重要,后来长大些才慢慢明白。

记得小时候,村里的拥军支前工作开展得红红火火。老年人种地支前,妇女做军鞋、军衣,儿童团站岗放哨、给村里的伤病员当看护员。我也在六七岁的时候当了看护员,给伤员端饭、打水、打扫卫生。我看护的伤员对我特别好,经常在我回家时把自己省下的馒头塞给我。

抗战胜利后,我上了学,1954年从唐县师范毕业,先后担了任中小学教师、教导主任、校长等职务,多次获得省市县模范教师等荣誉,并撰写了《如何有效进行比较教学》《如何结合课文指导学生作文》等多篇论文。1996年,我从教学岗位上退休后,经常会收到去学校做关于红色教育讲座的邀请,讲座之余,我还写了多篇教学案例和经验笔记,退休生活丰富多彩。

老伴儿前两年去世了,她是一名做了36年教学工作的小学高级教师,在家庭潜移默化的影响下,我的孩子从小树立了爱党、爱祖国的良好品质,儿子和小女儿都是共产党员,儿子从小学教师、中学教师,到中学校长、乡镇中心校校长,现在教龄也已经有30多年了。感到很荣幸的是,我们家被评为"河北省优秀教育世家"。

好的家风,如春风化雨,润物无声。我们将继续把红色家风发扬光大,不忘初心跟党走,让红色家风世代传。

(作者系唐县齐家佐乡史家佐村村民)

坚定信仰不能忘 执着一生跟党走

◇ 口述／杨 乘　执笔／丛园园　王艺霖

我的爷爷杨乃祥和奶奶赵淑改都已步入耄耋之年，两个人的党龄加起来已有140多年，他们一生都在追随党的脚步，他们的故事就像一本老旧的教科书，值得我们后辈去学习和体味。

爷爷出生在衡水市武强县的一个红色革命家庭，曾祖父母都是共产党员，曾祖父曾是游击队员，曾祖母也曾担任村地下党支部书记。爷爷在红色家风的沐浴下成长，从小聪明懂事，上了几年学后便步入社会，先后到当地粮食公司、贸易局和沧州粮食局工作。

奶奶1930年出生在石家庄市深泽县一个抗战堡垒户家庭，15岁就加入了中国共产党，曾是一名能歌善舞的文艺兵。爷爷奶奶在工作中相识，1952年便结了婚，那时，新中国刚成立不久，百废待兴，夫妻二人一同奋战在沧州粮食局岗位一线。

"各地都粮食短缺，沧州的粮食主要是从东

北地区调来,而我们的工作就是到各个地区、各粮店发放粮食。白天发粮食,晚上还要守着粮库站岗。"至今,爷爷仍对当年的情形记忆犹新。

那些年,日子虽然苦,但在几个儿女的回忆里也不乏甜蜜。姑姑回忆说:"那时生活不算富裕,但每次家里做点好吃的,爷爷总是让着奶奶吃,宁可自己受苦,也不会让奶奶受委屈。"在爷爷奶奶的影响下,从我记事开始,就没见过父亲和母亲红过脸、吵过架。

令我们感动的除了爷爷奶奶恩爱有加,还有那份对党的热爱和忠诚。爷爷曾是沧州市新华区建北街电业局小区的党支部书记,自小区党支部成立以来,他便带领辖区内的老党员每月定期上一次党课,学党史、学理论、学政策,撰写心得,至今已经坚持了16余年。他还编写了《学习科学发展观 十个问题要知道》,并把这些内容整理成"微型党课",跟辖区党员一起学习。

爷爷非常注重家教,对子女和孙辈从小就严格要求,时常教导我们做一件事就要认真做好、有始有终,要想做成一件事,必须要有吃得苦、不服输的精神,有坚强的决心与毅力。

我始终牢记爷爷的教导,经过自己的努力,成为单位主管党建档案工作的一名骨干。多年来辛勤工作、勇于创新,不断提升业务能力,多次被单位评为年度"先进个人"称号。

爷爷的家训第一条:必须是共产党员,要时刻听党话、跟党走;第二条:遵纪守法,好好工作。这两句朴实的话就像一个家族的灵魂,成为几代人共同遵守的一个准则。受爷爷奶奶的影响,我们这个十口之家有九人是共产党员。优秀的家规和家训,值得我们代代相传。

(口述人目前在广东深圳工作,执笔人工作单位分别为沧州市新华区文明办、沧州市新华区建北办事处)

让党旗永远高高飘扬

◇ 王 茜

在承德市鹰手营子矿区有这样一个家庭，祖孙三代都是共产党员，一家人都在各自岗位上发挥着党员的先锋模范带头作用，这就是娄树存家庭。

娄树存是一名有着59年党龄的老党员，工作时艰苦奋斗，退休后乐于奉献，一生践行着共产党员的初心和使命。他常常教导子孙："要爱党、爱国、爱家，世世代代感党恩、听党话、跟党走，让党旗永远高高飘扬。"

娄树存回忆，当年，他的父亲曾看到两个日本小孩把白面馒头当球踢，因看不得如此糟蹋粮食，当即上前呵止并一番训斥。两个小孩哭着跑开后不久，几个日本人前来报复，幸亏他的父亲乔装打扮才躲过一劫。娄树存父亲的勇敢正直、勤俭节约深深影响着他，为他一生艰苦奋斗、正直有担当埋下种子。

1958年，兴隆矿务局开始建矿，18岁的娄树存当了一名井下采煤工人。当时没有电，一切靠人工，大家用镐刨、用大筐抬，每天身上除了牙是白的，其他地方全是黑黢黢的。有的工人吃不了这种苦就跑回了家。娄树存不但不叫苦，反而越干越起劲儿，自告奋勇做最苦最累的活儿，主动申请下井。因为工作认真负责，他还被选中当瓦斯检查员，经常连续工作十多个小时。

踏踏实实做好每一项工作，把普通的工作做得不普通，勤勤恳恳、兢兢业业，这是娄树存对自己的要求。辛勤的劳动获得领导和工友们的一致好评，娄树存被评为"承德市劳动模范"。1962年，娄树存加入中国共产党，带领工友学习毛主席著作，义务照顾受工伤的工友，处处体现共产党员的担当。

娄树存退休后没有享受退休生活，而是到兴煤社区当起党支部书记。他挂上"老娄调解室"的牌子，为鹰手营子矿区千家万户作调解，8年多共调解矛盾纠纷800多件，被评为"全国模范人民调解员"。

一个党员就是一面旗帜。娄树存艰苦奋斗、乐于助人、爱党爱国的精神也影响着家人。妻子冯国芹是社区文艺骨干，70多岁的她每年都会去承德市第七中学义务教学生唱戏，把国粹传承给下一代。她还是社区志愿者，经常参加义务理发，为那些身体不便、重病卧床的老人上门服务。

老两口的三个儿子一个女儿全都是共产党员，孙子娄文韬也不甘落后，接过了这面红色旗帜，成为一名共产党员，曾任燕山大学机械工程学院机控系研究生第一党支部书记。娄文韬说："爷爷常教导我，要永远跟党走。爱党、爱国不是说出来的，而是做出来的。"

娄树存一家人始终不忘初心、牢记使命，他们用信仰铸就忠诚，用实干成就梦想，把红色家风代代相传。

（作者工作单位：承德市鹰手营子矿区融媒体中心）

红色家风浸心田

◇ 赵巧红

好家风如春风化雨，能在潜移默化中润人心田。我的家风是太爷爷对党忠诚、誓死保守党的机密的坚定红心，是三爷爷矢志不渝、以身许国的大义红心，也是父亲身体力行、保护河道的执着红心。这颗颗红心印在我的基因里，并影响着我的一言一行。

太爷爷是出生在石家庄市晋州市龙泉固村的一名地下党员，1938年，作为党的联络员因叛徒出卖被捕入狱。"头可断，肢可折，革命精神不可灭……"在昏暗的监狱里，太爷爷在被轮番严刑拷打后意识逐渐迷离，除了嘴里反复呢喃的那句话外，日本侵略军没能再从他口中多问出一个字。

被保释出来后，饱受身心摧残的太爷爷并没有丝毫退缩，继续发展与带动周边党员一起为革命事业奋斗，用自己的实际行动成就了我家家风中"对党忠诚、保守秘密"的第一代红心，这颗红心指引我永远跟党走。

1949年,西北野战军主要作战部队连夜往西安方向行军,敌人残余部队得知此消息后,折回对我军进行突然袭击。当时,所有战斗武器都被调配到前方,留在后面的部队只能隐蔽潜伏,避免正面对抗。此时,需要一人放哨并在第一时间传递消息,为部队转移争取宝贵时间。

"我有一枚光荣弹,让我去吧!万一被敌人抓住,我就跟他们同归于尽,为大家争取更多时间!"受红色家风的影响,当时年仅13岁的三爷爷拿着一枚手榴弹站了出来,所幸当夜支援部队及时赶到,敌人全被歼灭。

之后,三爷爷南征北战数十载,先后多次荣立个人与集体二等功、三等功。为了国家西南边境的安宁,在云南省军区坚守几十年,那颗以身许国的赤诚之心,践行着家风中"矢志不渝、以身许国"的二代红心,这颗红心引领我身先士卒、率先垂范。

父亲在晋州水务局工作,印象里父亲总是最很忙,白天奔走于各个化工厂间,监督关闭污染水源的生产线和宣传节约用水的理念,下班了还要去滹沱河边散步,一路捡着总也捡不完的垃圾。前年,父亲得知政府要启动滹沱河生态修复工程,眼里掩不住的喜悦。作为退休党员,父亲自告奋勇为施工人员志愿当"活地图",在大家的努力下,现在的滹沱河水流清澈,成为百姓休闲娱乐的好去处。

父亲"身体力行、保护河道"的三代红心,让我对保护生态环境有了深刻的理解,我的择业、就业也深受红色家风的影响。国内的风电产业刚刚起步,亟须新能源行业的开拓者,我选择了新能源行业,成为一名风机研发设计师。

疫情期间,我和我的团队开发了目前国内领先的风电场智能控制算法，并将该算法应用到湖北与河北的上百台风机，成功为疫情区城市提供了稳定可靠的绿色能源动力。

深耕风电产业，努力推进国家的碳达峰、碳中和"3060"目标，将绿色清洁能源吹入千家万户，将成为我一生的目标。

（作者工作单位：哈电风能有限公司）

干干净净做人 踏踏实实做事

◇ 赵 欣

在国家税务总局邢台市税务局工作的田尧,他的家庭与千万个家庭一样,是个普通的家庭,但这样一个普通的家庭却15年如一日,持之以恒地开展志愿服务,以爱心和恒心书写生活,使平凡的人生折射出璀璨的光芒。

"干干净净做人,踏踏实实做事",这是由田尧的姥爷王永淮传承下来的家训。王永淮曾任邢台县县长,参加过百团大战等战役,为创建太行山抗日根据地、组建地方政权做出积极贡献。王永淮家教非常严格,教育儿女要本分做人、踏实做事,始终秉承"干干净净做人,踏踏实实做事"的家训,传承三代人。

"干干净净做人,踏踏实实做事",这条家训也成为田尧做人做事的人生信条。他热心公益事业,踏实做事,甘于奉献。无论从事任何工作,都能以饱满的热情和积极向上的态度投身于岗位中。

2016年"7·19"特大暴雨来袭,田尧自告奋勇，主动报名加入抗洪抢险救援队，深入灾区实施求援。在郝麻村，尽管洪水已经退去，但所有的房子墙壁上洪水掠过的痕迹清晰可见，一些老房子被冲塌，村子北半部街道上到处是淤泥，南半部的街道上仍有存水。田尧和同事们一起清理现场，寻找并搬出一件件有价值的板材和机器，擦拭干净。闷热的厂房中，冲进的淤泥很黏稠，每铲一锹都要费很大力气，为此，田尧的双手磨出了血泡，浑身沾满淤泥，清理完毕已是凌晨。

2020年年初，新冠肺炎疫情发生。田尧再次主动请战，组织税务局疫情防控志愿服务队开展疫情防控志愿服务工作。呼啸的寒风将防控点的帐篷掀翻，坚守在岗位的田尧一下被帐篷的钢构支柱砸伤脚面，他强忍着疼痛，坚守在防控点，坚定地拒绝了回家休息的建议，直至工作完成。回家之后，脚已经肿得脱下鞋都很困难。

自2005年以来，田尧一直秉持着奉献、友爱、互助、进步的志愿服务精神开展志愿活动，参与了大小百余次公益活动，受到各级组织和社会的好评，也赢得广大志愿者的普遍赞誉。

田尧的妻子也积极投身志愿服务。在沙河市支教期间，组织开展手拉手活动，为幼儿园的孩子们捐赠学习用具和书籍；疫情期间，参与疫情防控志愿服务，加班加点全面排查；参与文明志愿交通劝导，到特教学校做义工，到社区参与疫情防控活动……在父母的感染下，田尧的女儿也在参加志愿服务活动中不断提升自身实践能力。

田尧的小家庭所秉承的爱心和奉献精神，有着父辈大家庭的印记，他的家训入选《邢台市直机关家规家训选编》。田尧说："会继续信守家规家训，与爱人和孩子一同贡献自己的爱心和力量。"2020年，田尧的家庭获评"河北省文明家庭"。

（作者工作单位：邢台市第四幼儿园）

拥军情怀深似海 红色家风代代传

◇ 毛延锋

或许是家乡行唐县属于革命老区的缘故，我们这个大家庭的拥军情怀得到很好的继承与发扬，形成了潜移默化的红色家风，指引着我的人生之路。

从我记事起，姥姥就经常讲发生在村子里的抗日故事，八路军是怎样英勇善战，他们又是怎样支援前线、送去缝制的鞋垫。新中国成立后，姥姥把子女一个又一个送到部队，举全家之力支持国防建设。

拥军情怀深似海，红色家风代代传。我的母亲郑建英自从我参军后，一直坚持每年到部队慰问子弟兵。我退役到地方工作后，也利用业余时间参与到拥军活动中。我将自己的安置费作为公益基金，在各地多次开展婚恋现场指导活动；成立"绿之源"红娘工作室，联系《军嫂》杂志划出专门版面，组织军地未婚人员进行互动交流；积极联系热心人士，取得各方支持，在家乡举办相亲交友大会，为官兵牵线搭桥促姻缘，与母亲肩并肩走在拥军的道路上。

如今，母亲与我已帮助近500名官兵找到人生伴侣，其中有"优秀士兵"、部队功臣、复转军人等，母亲也荣获"全国军婚十大红娘""石家庄市十佳拥军母亲"等称号，入选"河北好人榜"。同时，我和母亲还搭建了服务退伍军人创业就业的公益平台，截至目前，已为企事业单位输送优秀退伍军人60余人。

每逢春节前夕，我也会和母亲一同带上心意到熟识的困难家庭送去慰问。身边的人都有些好奇："贴钱贴物贴功夫，不顾严寒满村跑，到底图什么？"作为退役军人的我深知，军人"一家不圆为了大家圆，一人不甜为了万人甜"，为了这种精神我就是倒贴一辈子都值。

我们老家的西北部山区之前有许多贫困村，村民牛吉良就是其中的一个贫困户，我和母亲多次为他送去牛奶、鸡蛋等食品。对待其他困难军属也是如此，每每走访慰问困难家庭，心里都有非常深的感触。

战友们不在家的时候，我便成了他们家里的常客，谁家缺衣少食、谁家经济拮据，我总能了然于心，力所能及地帮助解决一些生活中的琐碎难事。

"不是职业，当成事业；不是亲人，胜似亲人。"在一次全国性的颁奖典礼上，一位嘉宾给予母亲这样的评价，我由衷地为母亲感到骄傲和自豪。

今后的日子里，我会继续践行退役军人"退伍不褪色"的初心，将红色家风转化为拥军动力，立足本职岗位做贡献，开展公益事业作奉献，用奋斗诠释精彩人生。

（作者工作单位：河北省产品质量监督检验研究院）

敬业奉献家风传

◇ 杜俊颖

童莉是衡水市护理学会理事长、衡水市人民医院护理部主任。在童莉家里,每个成员都坚守敬业奉献的家风,每个成员之间都保持着互敬互爱的传统。

自 1993 年参加工作以来,20 多年来,童莉一直坚守着敬佑生命、救死扶伤、甘于奉献、大爱无疆的护理精神,严于律己、勤奋工作,时时处处以一名共产党员的标准严格要求自己。

2003 年抗击"非典"期间,童莉被抽调任命为发热病房护士长,始终奋斗在抗击疫情第一线,在发热病房连续工作 34 天没有回家。因为工作出色,医院党支部吸收童莉火线入党。

工作的间隙,童莉也尽己所能孝敬老人。2007 年,婆婆被确诊为重症肌无力,先后三次到北京协和医院住院治疗,每次住院都要 20 多天,童莉都会贴身照顾。治疗期间,每三个月需要复查,为了让婆婆减少等待时间,童莉每天早晨四五点钟就去排队挂号,等到就诊时再把婆婆从宾馆用轮椅推到医院，常常连早饭都顾不上吃，童莉的婆婆逢人就夸自己有个好儿媳。

2016年至2018年，童莉到故城县随庄村担任精准扶贫驻村第一书记。扶贫期间，她把村民当成家人一样对待，充分发挥自己的特长，针对脑卒中、糖尿病、白内障等让村民致贫的主要疾病，先后组织100多名知名专家，3次进村入户开展大型精准义诊活动，受到群众欢迎。

工作上兢兢业业、成绩斐然，背后也得到了家人的鼓励和支持。公婆尽心尽力帮着分担家务、接送孩子，并在童莉回家时做她喜欢的饭菜，默默支持儿媳的工作，解除她的后顾之忧。童莉的丈夫任职于工商银行衡水分行，虽然工作也很忙，还是尽心尽力地辅导面临中考的女儿，照顾父母，成为妻子最坚强的后盾。

敬业奉献、互敬互爱的家风，让童莉和家人在各自的岗位上尽职尽责，为"小家"和"大家"都做出了应有的贡献。2016年，童莉家庭荣获"全国五好文明家庭"荣誉称号。

2020年2月17日，省卫健委组派第七批河北支援湖北医疗队，童莉又主动报了名。作为河北援鄂医疗队中唯一的国家三甲医院护理部主任，她积极创新护理模式，让广大患者纷纷点赞。2021年初，童莉再次主动请缨，带领800多名护理人员筹建发热门诊，开展全院病房医患防护管理工作，筑起一道牢固的防线。

良好的家风得到了传承。童莉的儿子大学毕业后，主动报名参加了消防员招录，日常训练不怕苦累、表现突出。女儿学习刻苦、乐于助人，连年评为"三好学生"、德育好少年，疫情期间，她还主动担当起"小小防疫宣传员"，在妈妈的指导下组织班里同学学习"卫生七步洗手法"，传播防疫知识。2020年，童莉家庭获评第二届全国文明家庭。

（作者工作单位：衡水日报社）

孝心为先　用爱补缺

◇ 贾 冽

马红是衡水市桃城区何庄乡东滏阳村人,她的家庭曾荣获首届全国文明家庭称号。多年来,马红"孝"字为先,传承孝心,用无私的爱撑起一个幸福的家。

2000年,马红与张景堂相恋结婚,一年后儿子出生,小日子过得红红火火。然而,天有不测风云,2002年,28岁的张景堂被查出患有肾性高血压,一年后又被诊断为尿毒症。为了给张景堂治病,马红辞掉效益不好的箱包厂工作,借钱买了辆电动三轮车,一边帮助公婆卖菜挣钱,一边做起载客拉活的生意。后来,家里甚至卖了老房子,即便这样,依然不足以支付巨额的医疗费,最困难的时候,就连办理二代身份证的20元钱都拿不出,但这丝毫没能动摇一家人坚持看病的决心。

然而,顽强的抗争依旧没能换来上天对这个家庭的垂怜,2009年夏天,张景堂离开了,弥留之际,他嘱咐马红:"我走后,爹娘就拜托给你了!"

有好心人劝马红尽早改嫁。但每每想到，公婆只有看到懵懂无知的孩子在身边玩耍时才展露出的一点儿笑容，马红暗下决心：要带着公婆改嫁，要替丈夫孝敬父母，支撑起这个破碎的家！

2011年，马红认识了尹广生，他们重新组建家庭，和马红的前公婆生活在一起。在新的家庭里，尹广生不仅是马红的丈夫，还担负起儿子和父亲的责任。他性格外向，很会哄两位老人开心，也经常和马红的儿子开玩笑，很快就融入这个新的家庭。

只是，生活没有停止对马红的考验。2012年底，公公张文起被查出患有白血病，后因病情突然恶化，住进重症监护室。每天近万元的费用对于条件不错的家庭都是沉重的负担，何况是马红这样本就有外债的家庭……

让一家人高兴的是，昏迷7天、下了6次病危通知书、住了22天重症监护室、经历气管切开术的老人，竟然慢慢睁开双眼，渐渐有了意识，就连医生都说这是一个奇迹。老人从重症监护室转入普通病房后，只能躺在病床上，全天需要人照顾。尹广生主动承担起照顾老人的责任，每天床前床后、翻身擦洗、端屎端尿，一个儿子该干的活，他全部都干了。

经历了老人的这场大病，一家人的心贴得更近了。马红和尹广生小两口筹划着干点什么，一个偶然的机会，承接了一个包子铺。他们给包子铺起名叫"马红六和包子"，希望能和气、和睦、和顺、和美、和谐、和善。

为了使生意兴旺，马红全家人齐上阵。一家人秉持一个信念，就是要用最好的肉、最干净的菜蒸出最放心的包子。一家人、一条心。马红一家积极传递着爱心，让人生更有价值、社会更加美好。

（作者工作单位：衡水日报社）

听母亲的话

◇ 谢建兵

我出生在一个农民家庭，父母都是共产党员这件事，让我从小就感受到与周围伙伴家庭的不同。

姥爷是一名村医，家境还算殷实，20世纪30年代出生的母亲没有姊妹兄弟。在那个年代能成为共产党员，让我感到她和她的家庭不一般。随着年龄的增长，我渐渐感受到母亲的"不一般"。在我的印象里，母亲很少对孩子们着急，特别宽容，我们都打心眼里爱她、怵她。

母亲手巧在村里是出了名的，每到换季，几乎多半个村子的人家都来找她做衣裳。那时也不兴要钱，印象里一次也没有，母亲也从没提过。

那个年代，农村比较穷，人们日子都过得紧巴，平常去供销社打酱油打醋，都是几分钱。有一天放学后，我用绳子穿了一长串纽扣拿回家，进门就大声喊："娘，娘，你看这是什么！"我以为母亲一定会眉开眼笑夸奖我，因为她平时做衣裳正需要，更重要的是这一大串扣子不少钱呢。"这是怎么回事，拿的谁的？"出乎意料的是，母亲的脸一下子阴沉下来，是之前从来没有出现过的。我说，"是我挣的，我给不会写字的同学写字，一个字换一个纽扣。"

母亲听后大发脾气，那也是她第一次发这样大的脾气，说："送回去，要的谁的，一个门口一个门口送回去！人不大，心眼儿不少。帮助同学不是应该的吗，还要人家东西，以后还了得？"我当时吓得六神无主，哇哇大哭。娘说："这样吧，这次你交给老师，再不能这样了。帮助同学是对的，但不能要人家东西。"这件事在我心里留下深深的印象。

母亲还是一个很有主见的人，不少人会找她拿主意。当时有对年轻的邻居，两口子经常闹得鸡飞狗跳，周围邻居谁见谁嫌。而这时，常常是女的哭着跑来要母亲给她作主。每当这个时候，母亲都会劝说几句，然后说："把那小子喊来。"也很奇怪，那位还真不敢不来，站在娘面前垂手听训，虽然母亲也没大声训过他。

母亲总是说，要帮助身处弱势的人，要雪中送炭。这成了后来渗入我骨子里的基因，努力去做一个堂堂正正的人。

我体会到母亲和别人母亲的不同还体现在，她一直记得及时交党费。每到时间，她就会说："看大队有人不，我去把党费交了。"讲实话，我们兄弟姊妹都是不情愿的。家里原本就很穷，还得再有这么一笔开支，我们不理解，可她从没征求过我们的意见，只是要求我们去给她交。她说过，这是她的义务，也是权利。

后来，我上中学、大学，直至参加工作，更加体会到母亲身上的正气、善良和向上。其实这不正是一名共产党员应有的品德吗？从点滴做起，为人民服务，我的一生也应该是这样的。我向着目标，一直努力，向党组织靠拢，如今也成为一名光荣的共产党员。

（作者工作单位：南宫市财政局）

一成不变的坚持

◇ 口述／周汝珍　执笔／温庆鑫

作为青县康复敬老院院长,我一直牢记并秉承着上一辈传下的"艰苦朴素、甘于奉献"优良家风,认真做事、和睦待人。

经常听儿子跟别人这样说,"我的家庭和别人的家庭不一样,因为我有几十个爷爷奶奶,他们有一个大'太阳',每天都在散发阳光、释放温暖,这个大'太阳'就是我的母亲。"

倒水喂饭、端屎端尿、擦身洗衣……我每天穿梭在这些老人之间。那时候,财政收入并不宽裕,整个院里几十个老人的日常开销仅依靠政府补助是不够的,尤其到了寒冬腊月,棉服、木炭、水电、食品、医药等各种成本都要增加。为了节省出水电费,我经常到菜地边的小河里手洗老人们的衣裤,在数九寒天凿出三个冰窟窿,先在一个里面洗,再到后面涮。几年下来,导致双手得了关节炎,手指扭曲变形。

记得1998年春节,孙子心脏病马上要做手术,而此时敬老院里因天气寒冷病倒了7位老人，我一咬牙，还是决定留在敬老院伺候老人们。我不是铁石心肠，只是我知道，我是一名共产党员，不能因为私事影响了工作。

儿子让我退休，把担子交给年轻人，可是我不忍，因为那些都是给国家打过胜仗的老人，现在他们病了、残了，我想继续照顾他们。

老伴儿心疼我，放下手中的农活，自荐当上敬老院的副院长，帮我分担工作。自此之后，我成为老伴儿的"顶头上司"，大部分力气活儿包括后勤服务工作都转交给了老伴儿。有些外人议论他说，"男人本该是生活和工作中的主力军，而他在工作上却是副手。"老伴儿却不以为意，反而兢兢业业、踏踏实实，尽心辅助着我的工作。

"我们是一家人，你只要愿意干，我就陪着你，咱俩干到动不了为止。"老伴儿是这样对我承诺的，并且也是这样践行的，一干就是十几年。在我的眼中，老伴儿是我最可依靠和信任的"后勤部长"，是无可争议的幕后英雄。

如今，我和老伴儿都年过七旬，敬老院早已成为我们的家。春去秋来，我们依然坚守岗位，截至目前，为260余位老人养老送终。

现在，国家越来越富裕，给老人们的补助资金也越来越多，敬老院焕然一新。院里请了两个护工，还有社会各界爱心人士不断送来的温暖，正能量一直在传播。我们俩现在一个每天陪老人聊天谈心，一个每天骑着三轮车去集市给大家买菜。儿子和儿媳也不再提让我们回家安享晚年的话，反而时常来到敬老院给我们帮忙。

我和老伴儿潜移默化地感染着孩子，他们在成长道路上更是以我们为榜样。相信我的孩子们会做得比我更好，把这种良好的家风传承下去。

（口述人工作单位：青县康复敬老院，

执笔人工作单位：青县金牛镇人民政府）

"忠诚担当"永流传

◇ 黄从青

在我家客厅显眼的位置挂着一副非常漂亮的"狂草"——"忠诚担当"。父亲曾说:"它是咱们家的传家宝,每个人都要记住并传承下去。"当时的我并不能完全理解,但还是愉快地答应了。

外公曾是一名优秀的军人,每次去外公家,他都会给我讲雷锋、黄继光等英雄的故事。在外公的感染下,我从小就立志长大要当一名军人,保家卫国。2000年,有幸圆梦,当我把这个消息告诉外公时,他激动得给了我一个大大的拥抱。

从军16年里,我始终保持旺盛的热情和不懈的奋斗精神,出色完成上级交给的各项任务,两次荣立三等功,先后被评为"优秀士官教员""教学评价工作先进个人""全军士官优秀人才奖三等奖",被学院评为首届"强军之星"。

父亲是一名老共产党员,一辈子坚守初心、不改本色。在村里任职的他,无论刮风还是下雨,总是默默坚守在岗位上,无论大事、小事,都热心地帮村民解决。他的一生很平凡，但他的行为、作风和品质就像一面镜子，时时刻刻激励、鞭策着我。

"军人的品质是融进血液的，退伍不褪色、退役不退志。是退役军人，就得在关键时刻勇于担当。"时间如白驹过隙，到了需要离开部队、迈出人生转折的关键一步时，父亲告诉我，作为共产党员，要牢记自己的使命，为百姓办实事，做一个对国家有贡献的人，无论遇到什么困难，都不要退缩，迎难而上！我在心底默默告诉自己，绝不辜负父亲的期望。

初入职场，我就接受了严峻的考验。省里启动全省退役军人数据信息录入工作，需要用十几天的时间完成全省数据入库。时间紧、任务重。虽然压力很大，但我没有退缩，在理清思路后拉单列表，明确具体工作内容、时间节点、负责人等，迅速组织数据录入工作培训会、建立工作交流微信群、制定任务路线图，挂图作战。虽然每天仅有四五个小时的休息时间，我也会坚持当天的数据当天完成审核修改、上报通过，在大家的共同努力下，顺利完成退役军人和其他优抚对象的信息采集任务。

父亲的修养与品德如缕缕馨香，润物无声。当退役士兵社会保险接续工作、创建省级双拥模范城等一项项重要工作落在我肩上时，耳边便会回响起父亲的教诲。重担在肩，唯有拼搏！面对超常的工作时间和劳动强度，我没有怨言，更没有退缩，我把孩子托付给年迈的父母照顾，全身心投入到工作之中，圆满完成领导交办的各项任务。

"忠诚担当"就是我不断前行的航标，也是我要继续传承下去的家风。当我把自己被评为爱岗敬业"廊坊好青年"的好消息告诉远在老家的父亲时，他的声音哽咽了："孩子，你是我的骄傲。"我的眼睛也湿润了。

初心如磐、使命在肩，我将砥砺奋进、矢志向前！

（作者工作单位：廊坊市退役军人事务局）

传承红色家风 书写美好人生

◇ 聂志强

耿海英1954年出生在一个革命家庭，是生在新中国、长在红旗下的新一代优秀军人代表。爱党爱国、忠诚担当、积极向上、乐于奉献、大公无私的红色家风，深深扎根在她的心里。

耿海英的父亲耿仿曾1921年出生，1937年参加革命，曾任晋察冀军区汽车二团参谋处参谋长等职，1969年病逝，安葬在华北军区烈士陵园。抗日战争时期，他在与日军的战斗中多次负伤，冒着枪林弹雨掩护战友突围。他还参加了抗美援朝，多次冒着敌人的炮火驾车去前线运送军用物资，几天几夜不休息都是常态。他有着坚定的共产主义信仰，经常给孩子们讲述自己战争年代的故事，培养孩子的爱国情怀。

到了和平年代，耿仿曾注重言传身教，把爱党爱国、忠诚担当、全心全意为人民服务的精神传承到下一代，严格要求子女，从小培养他们的优秀品德。1969年，15岁的耿海英按照父亲的遗愿参军入伍，成为解放军260医院的一名战士，她在工作中表现出色，3年后光荣加入中国共产党，提干当护士，在救死扶伤的岗位上一干就是30年。

平时，耿海英勤于学习、钻研业务，工作能力强，先后任主管护师、护士长等职，后来又被借调到政治处做组织工作。多岗位变动，她始终干一行、爱一行，在平凡岗位上做出不平凡的业绩，多次立功受奖，还先后被科室和医院评为"优秀党员""学雷锋积极分子""优秀机关干部"。

2006年10月，耿海英退休后，安置在石家庄市军休二所。十几年来，她积极参加休干所的党组织活动和社会公益事业，先后参加了省科协合唱团等社团，多次随团到革命老区献爱心和慰问演出，做到了老有所为。

家庭有爱心，社会就有温暖。耿海英的丈夫2015年患肺癌，她一直守在丈夫身边，陪着做化疗、放疗，自己却经常顾不上吃饭、睡觉。耿海英积极传承红色基因和良好家风，教育孩子爱党爱国、学好本领，做红色接班人。她多次带女儿、外孙到烈士陵园接受爱国主义教育，给他们讲述革命先烈的英雄事迹及父辈的革命史，鼓励他们为民族复兴贡献光和热。

在耿海英的教导下，女儿热爱学习、乐于助人，研究生毕业后被分配到中国电子科技集团公司第十三研究所工作，被评为高级工程师。女婿是位军人，在空军某部工作，女儿为了支持丈夫在部队安心服役，毅然放弃十三所的优厚待遇，来到丈夫所在城市的某律师事务所工作。

传承红色家风，书写美好人生。在传承红色家风过程中，耿海英作为军人，忠诚担当、勇于奉献，在部队建功立业；作为妻子，温良贤惠，孝敬老人；作为母亲，言传身教，勤俭持家，在家庭中书写了幸福的篇章。

（作者工作单位：石家庄市军休二所）

无怨无悔付出 传承红色家风

◇ 杨润西

我叫杨润西，现任保定莲池书院博物馆办公室主任。学生时期，我就被课本上的黄继光、董存瑞、江姐等英雄人物所感染。长大后，我嫁给了一名军人。

我的丈夫 2004 年入伍，是一名飞行员，从入伍到现在始终工作认真负责，听从党的领导、服从党的指挥，荣获两次三等功。2019 年 8 月至 2021 年 11 月参加国际维和任务，其间荣获"蓝盔勇士"称号。每次出行之前，他都不告诉我们，因为有组织的保密性也有飞行的危险性，所以都是执行完任务平稳落地后才给我们报平安。每次拿着手机，我们都是静静地等待，等待他发来的一个"安"。

从 2014 年结婚到现在，6 年多的时间里，我们一直是聚少离多。但我一直支持他的工作，无怨无悔地承担起照顾家庭、孩子、双方老人的重担。我知道，从嫁给他的那一天起，就意味着奉献、意味着付出，就要做他坚强的后盾。怀孕时看到别的孕妇都是由家属陪着去医院产检，我大多都是自己去，心里总是酸酸的。但是一想"家是最小国，国是千万家"，想到自己是名军嫂，我的心里便平静了许多。

丈夫的职业属于高危职业，不能分心。2019年端午节深夜，婆婆急性肝脓肿发作，面对二老一小，我心急如焚，但是我必须要自己扛，不能让丈夫分心。凌晨我独自开着车，带着婆婆去看病，把孩子留给公公看管。医院里，我跑上跑下，推着婆婆化验、检查、住院。后来，婆婆病情严重，医生下了病危通知书。还好经过医生的奋力抢救，婆婆转危为安，我又在医院衣不解带地伺候，端屎端尿，直至婆婆痊愈出院，一颗心才终于落了地。

孩子还小，经常生病，病了也不敢告诉丈夫。有时也委屈、也很无助，但是，一想起他穿着飞行服，身上那像天空一样的一抹蓝色，我就觉得一切都是值得的。

孩子从幼儿园中班到大班到小学，这个重要的阶段，爸爸的角色一直都是缺席的。孩子总对我说："妈妈，爸爸什么时候回来？""爸爸是不是等我穿短袖就回来了？"我经常给他讲爸爸参加任务的故事、军人的故事、革命先烈的事迹，带他到军事博物馆参观，带他看《战狼》等红色电影。孩子的爷爷也总跟孩子讲，小时候吃学习的苦，长大要吃当兵的苦，当兵的人才是最美的人。孩子从心里崇拜爸爸，知道爸爸是个"英雄"。

几年来，我始终践行着结婚时的誓言："嫁给你我无怨无悔，支持你的军旅事业。"我用无悔的付出支持他保家卫国，用实际行动来构建我们的"最美家庭"。我们一家人会携手一路同行，让革命精神、红色家风一直传承下去。

（作者工作单位：保定莲池书院博物馆）

传承"爱国如家"的红色基因

◇ 杨玉欣

打开相册,看到了祖孙四代的一张合影,前排右侧是我的姑奶奶,左侧是我的姑姑,后排是我和侄女。我们一家四代人都嫁给了军人,是受爷爷的影响。

我的爷爷叫杨兆卿,出生于1914年,高小毕业后去沈阳投奔亲戚,当了一名教师。九一八事变后,爷爷回到家乡定州从事革命工作。1937年,日军入侵华北,人民陷于水深火热之中,满怀报国志的爷爷毅然参军。当时,爷爷对曾祖母说:"没有国哪有家,咱们不能当亡国奴。"就这样,爷爷参加了回民支队这支抗日武装。在部队他有勇有谋,得到马本斋司令的赏识,很快被提拔为一中队指导员。每次回家,爷爷都会给乡亲们宣传抗日救国的道理,动员大家参军,他的堂兄、堂弟、表兄弟们都被带到了部队,为革命事业注入一批又一批新鲜血液。

1941年4月,时任冀中军区司令员兼八路军第三纵队司令员的吕正操带工作组到十分区检查工作，并慰问在残酷环境下坚持斗争的军民。马本斋司令派爷爷带部队承担护送任务。工作组途经容城、白洋淀，有时一天经历五六次战斗，才冲出敌人的封锁区。当他们来到蠡县桑园时，还没来得及喘口气，又听到激烈的枪声，敌人已经包围过来。爷爷指挥部队边打边撤，战斗中腿部受伤不能行走，通信员要背他走，他不肯，而是命令通信员撤退，把身上带的文件包交给对方，并要了两颗手榴弹。通信员含泪离开。此时，阵地上只有爷爷一个人，敌人发起三次冲锋，都被爷爷打退了。战斗到最后，爷爷只剩下一颗手榴弹，迎着敌人冲了上去，在敌群中拉响了手榴弹，与敌人同归于尽，英勇献身。当时，他年仅27岁。这就是著名的"桑园突围战"。

爷爷的妹妹也就是我的姑奶奶，在哥哥的影响下也加入中国共产党，并成为党的一名地下交通员。担任村妇救会主任的她，给县大队、区小队当交通员。我的姑爷爷是一名军人，抗日战争、解放战争随部队南征北战，参加了清风店战役等，离休后一直在当村干部，很受大家的尊敬。

我的姑姑从小失去父亲，长大后成为一名教师。她几十年奋斗在教学一线，一直用革命先辈爱国如家的事迹教育学生们。

我从小听着爷爷的故事长大。长大后，我也考取了师范学校，多年来一直担任班主任，退休后积极参加公益活动。我的丈夫也曾是一名军人。我的侄女是一名公职人员，她的丈夫也是一名退役军人。

从爷爷那里，我们继承了"爱国如家"的良好家风，这样的家风已经融入血脉。作为英雄的后人，我们肩负一份责任，时常教育孩子要先做人后做事，做一个对国家、对社会有用的人，将红色家风世代传承下去。

（作者系定州市第四中学退休教师）

热心公益甘奉献　文明家风代代传

◇ 赵柱国

我叫赵柱国，今年82岁，家住张家口市桥东区兴中街社区。"爱党爱国，听党召唤；爱岗敬业，不图名利；吃苦耐劳，勤俭节约；严以律己，待人忠厚；助人为乐，乐于奉献"是我们全家引以为傲的家训。

1945年，日本宣布无条件投降，父亲正在华北联合大学学习，他在笔记中这样写道："中国共产党是为穷人打天下的，一定要跟着共产党走。"母亲是1948年后大境门街道第一位主任，带领妇女一针一线地缝衣做鞋支援前线，被评为市级劳模。

父亲早年病逝，7个子女都靠母亲照料。她吃苦耐劳、默默奉献的精神，激励着我们姊妹。新中国成立初期，大姐参军成了一名志愿军；二姐一家由张家口煤机厂去了包头煤矿；三姐一家于1957年主动支援边疆，去了乌兰察布集宁工作；六妹一家由宣钢支援到包钢，坚守在内蒙古；弟弟在包头军工厂里坚守奉献；身残志坚的五妹和我留在了张家口。全家几十口人，在各行各业都是好样的，以身示范，严教子女传家风。

我的大女儿在市汽车配件厂，是能吃苦的普通工人；二女儿在河北北方学院当老师，踏实工作，钻研教学；儿子是张家口市政工程处的工作人员，59岁仍要求到偏远县区一线参与施工。

1996年退休，成为我继续为人民服务的新起点，我也成了大院、社区、街道的热心人。1998年，我第一次上张家口鱼儿山锻炼，发现山路又脏又乱，便暗下决心要整治。在海拔1200多米的山上，我一干就是20年。每天凌晨就上山清扫垃圾、平整路面、维护台阶、护林护路。20年来，我用坏5把铁锹，磨平了百余把扫帚，如今，鱼儿山的路宽了、道平了、干净了、好走了，登山锻炼的人越来越多。

2000年1月，我被查出患有肺癌，做了左肺下叶切除手术；祸不单行，2009年，恩爱一生的老伴病逝。双重打击给我带来难以想象的痛苦。我没有被击倒，而是投入到对青少年进行革命传统教育、传承弘扬爱国主义精神的工作中。自2009年以来，我先后被全市24所大、中、小学聘为校外辅导员，对青少年开展200多场爱国主义教育。

为搞好每次活动，我们自费制作图板、道具、会标，购置鲜花，我还将自己珍藏的各种宝贵资料物件如光盘、照片、重大纪念日的8套纪念章赠送给学校，赠送《永远跟党走》图书1000册，《可爱的张家口》《回忆雷锋》图书各百册……10年来，我为红色教育支出达20万余元。

"夕阳红啊夕阳红，人生短暂催光阴，誓把夕阳当朝阳，只争朝夕为人民。"我要在为人民服务的道路上永远做一名合格的共产党员，将热心公益、甘于奉献的优良家风代代传承下去。

（作者系张家口市桥东区老干部局退休干部，

张家口市桥东区关工委副主任）

我的父亲

◇ 郭 慧

我的父亲是一名退伍老兵，也是一名老共产党员。今年暑假，父亲突发脑梗住院，我与弟弟在医院日夜守候。但是每到凌晨三四点钟，父亲都会醒来，让弟弟回家，把村里的街道打扫干净，拍照给他看。

63岁的父亲，头发花白、精神矍铄、满面红光，生病前说话声音洪亮、脚步干净利落，浑身还透着当年在部队时的精气神。退休后，他把村里扫马路的"事业"接了过来。每天凌晨三点准时起床，穿上工作服，推着三轮车，忙碌在还未苏醒的街道上。自父亲打扫街道以来，他负责的路段每次都作为典型被表扬。

我的祖父是抗美援朝的老兵，伤病退伍后没多久就病逝了。祖母成了家中唯一的劳动力，父亲也早早务了农。18岁那年，父亲想追寻祖父的脚步去当兵，祖母万般不舍，奈何父亲偷偷报了名，毅然决然踏上从军之路。军队是一所好学校。在军营里，父亲学会了用枪、用笔，认识了很多字，还开上了运输车，成了一名光荣的汽车兵。参军5年，父亲第一次探亲时，一身橄榄绿、身材魁梧、面庞清瘦、目光炯炯。村里人发现，从前那个干巴瘦弱的小伙子，如今脱胎换骨。

我1985年夏天出生，这时父亲已经退伍回到我们身边工作。母亲一边教书，一边与父亲合计责任田该怎么种。至今父母还存着一张父亲刚刚退伍时与母亲的合照，照片上的父母衣着朴实，有着别样的光彩。

作为家里第一个孩子，我备受关爱，早早学写字、学红歌，父亲倾其所有，努力培养我。晚饭后是一家人最温馨的时刻。我们围坐在一张小方桌前，母亲在一旁或纳鞋底或批改作业，父亲边看书边教我写字。

周围的小伙伴很多早早进了工厂、企业，我在求学路上动摇的时候，父亲总是一句话："别想走捷径。好好读书，自强不息！"之后，不管面对求学还是求职的各种考试，我都踏踏实实地准备、认认真真地应对。终于，功夫不负有心人，我参加河北省特岗教师招聘，光荣加入了教师队伍，弟弟高中毕业也被父亲送去部队锤炼，算是继承了他的衣钵。

工作后，父亲还是不时敲打我："要抓紧学习，不能刀枪入库、马放南山。""要对工作认真负责，对学生认真负责。"

父亲是个热心肠，村里谁家有个大事小情，总是能帮把手就帮把手，虽然退休在家，却比我们还忙。2020年疫情来袭，父亲几乎每天都去村口守着，宣传疫情防控措施。

如今，我也年过四十，为人父母，更体会到父亲的话朴实却充满智慧。如今，父亲霜染两鬓，又经历了一场大病，每日在家坚持运动康复，给孩子们读书练习说话。他嘴边时常挂着一句话："我的一双儿女没有让我操心。这是最好的时代，我是借了共产党的光！"

（作者工作单位：沧县黄递铺乡贾洼东学校）

父事三记

◇ 王彦博

父亲是在1937年卢沟桥事变后加入党组织的。1942年，担任村党支部宣传委员的父亲，常在夜晚带着20多名村里的学生潜至"坟沟"，借着月色和围灯讲课。

一天晚上，得知一个叫张斗的学生没来，父亲立马想到前几天张斗的父亲曾流露出让儿子辍学的想法。父亲马上安排学生们温习功课，自己三步并作两步地返回村里，叩开老张的家门。张斗母亲抖着手说："城里缺一个做饭的，我也不愿意把孩子送那儿，可家里已经两天揭不开锅了，怎么着也得叫儿子逃个活命吧……"父亲立马骑上家里的自行车，飞也似的冲进夜色，很快截住并追回张斗父子，还连夜为他们筹集来半袋子高粱。父亲嘱咐张家人："先吃着，以后我接着想办法，绝不会饿着孩子！"

几十年过去了，这个"夜追村佌"的故事仍被乡亲们传诵。被追回的张斗非常努力，新中国成立后在天津工作，成了一名公务员。

20世纪50年代，村里的一个妇女多年虐待婆婆，让老人百般受气。每当父亲规劝她时，不是挨骂，就是被斥："你再说你养着去……"乡亲们看在眼里，谁也不敢吱声。

后来，父亲想出以演戏的方式促不孝媳妇改正的方法。他以这家人为原型，通过一个多月的"爬格子"，创作并组织排演了共分5场的河北梆子剧本《盔破家和》。开演那天，父亲特意把戏台搭在这个妇女家门口，村里也提早做了宣传，村里村外千余名观众，挤得水泄不通。

锣响戏开，随着剧情的发展，那家的儿媳妇慢慢坐不住了，看着乡亲们投来的鄙夷目光，渐渐低下了头。从那时起，她给儿孙定了一条家规："不孝顺老人的女子，就是金枝玉叶也不能进家门。"

村里有一位老人叫刘治平，20世纪30年代末考入黄埔军校28期，1942年毕业时，主动请缨到陕西潼关驻地，任见习营长，带领战士们打响潼关保卫战。解放战争时，在中国共产党的政策感召下，刘治平投诚人民解放军。新中国成立后，为照顾家母，他从部队自动脱职回村务农。

由于有历史"阴影"，刘治平回村不久，受到了不公平对待，村里的脏活累活全部给他。自1960年开始，作为村党支部副书记的父亲努力为刘治平提供机会，大街小巷的标语由他书写，村里新建的6块板报由他布置，业余宣传队的乐队由他负责培训；节假日，村里村外的"吹歌会"等活动，也都由刘治平筹划组织。所有的活动内容，父亲都会一一把关。

20世纪80年代后，刘治平先后办起"家庭文化站""家庭板报"，还出版了《胡林之声》小报，被聘为县政协委员，多次参加省市有关部门的文化座谈会。1985年11月5日,父亲走完了帮人教人的一生,享年78岁。刘治平赶到灵前,口中一声声"恩师",哭得泣不成声。

讲述父亲的三个故事,不光是为纪念,更是为了传承,传承他身上体现的乐于助人的家风。

(作者工作单位:安平县文联)

回家的记忆

◇ 刘向北

近一年多来，由于疫情和工作的繁忙，回家看望父母的次数屈指可数。恰逢中秋假期，我便带上家人赶往保定看望父母。父母今年都85岁了，风风雨雨携手60多年，养大了我们兄妹四人。

父母对我们的突然到来很高兴，母亲拉着我爱人和孩子的手聊天，父亲则在一旁笑眯眯地看着我们。

父亲前两年闹过两次大病，听力下降得厉害，但看到我们热闹的交谈，一脸欣慰。过了一会儿，父亲从柜子里小心翼翼地拿出一个盒子，打开后，展现在我们面前的是几个纪念章，一个是国家发给父亲的抗美援朝70周年纪念章，另外两个是父母亲"在党五十年"纪念章。父母亲都是有着60多年党龄的老党员，从父母亲的眼神里，我感觉到这才是他们最大的骄傲。

父亲生长在一个书香门第，父亲的爷爷13岁就考上了秀才。我的爷爷也是教书匠，奶奶是个贤惠的家庭妇女，负责照顾我父亲兄弟姊妹八个。

1950年抗美援朝，父亲所在的部队首批入朝，1958年父亲最后一批返回祖国。小时候，我总问父亲抗美援朝的事，父亲却不愿意多说，总是默默地望着天空。长大后才知道，在那场战争中，父亲的好多战友永远留在了那片土地上……

部队的优良作风在父亲的身上体现得淋漓尽致。他坚持真理、疾恶如仇，生活上勤俭节约、真诚率直。后来转业到地方，曾任一个企业的领导，管理1000多名员工，兢兢业业工作，踏踏实实做人，是有口皆碑的好人。

在我的记忆中，父亲总是穿着一身洗得发白的老军装，干干净净。我家兄妹四个，生活比较艰苦，父母亲总是教育我们，不要和别人比吃穿用度，要比学习。母亲对我们的学习要求很严格，我小时候没少挨父母亲的责骂。我是老三，小时候总是拣哥哥们穿小的旧衣服穿，记得我人生第一身新衣服，还是考上重点高中后，父母亲为了奖励我才做的。

这就是我的父母亲，是我们的大树、是我们的根，在他们的言传身教下，我们兄妹四人都成长为对社会有用的人，正直、简朴、助人为乐、乐观向上的精神就是我家的家风。我在2003年参与了春蕾计划，捐助顺平县两个贫困失学女生。2006年通过顺平县委宣传部结对子，组织了对顺平县富有村小学的帮扶活动，捐助了20名家庭困难的孩子，还给该学校捐赠了两台电脑、80套书包文具和体育用品，后来还多次去该小学回访捐赠。

陪着父母吃过一顿温馨、简单的饭后，我们要告别了。父母跟在我们身后，把我们送上车，一遍遍叮嘱着：路上注意安全，不要挂念他们，注意身体、好好工作学习。看着反光镜里父母越来越小的身影,我的眼睛朦胧了……

(作者工作单位:中国长城资产管理股份有限公司

河北省分公司)

我的父亲母亲

◇ 吴素真

我的父亲是20世纪70年代的一位民办教师。从我记事起,父亲每天都很忙碌,即便晚上回到家,他依旧会趴在昏暗的煤油灯下写呀,画呀。我悄悄地问母亲:"父亲为什么不陪我玩?"母亲笑着告诉我:"爸爸在工作,我们不能打扰他。"

我的母亲是位普通的家庭妇女,勤劳、贤惠、坚韧、能干,每天忙完地里的活儿就开始操持各种家务。家里虽然没有一件新家具,但每件都被母亲收拾得一尘不染。

可即便父母如此操劳,也难掩生活的拮据。有一次过年,厨房里传来"梆梆"的声音,我好奇地走过去,问父亲在做什么。父亲说:"我做个鱼头饼。""鱼头饼?好吃吗?""好吃。"如今,我已不记得当年的鱼头饼是什么味道,只是从那以后再也没有吃过鱼头,不管什么鱼头都觉得难以下咽,而父亲却说,他最喜欢吃鱼头。长大以后才明白,父亲哪里是喜欢吃鱼头,而是把最好的鱼肉留给我们吃。

转眼我就要上初中了，身上还穿着哥哥的旧衣服，屁股上还打着补丁，这让我有些自卑，开始闹情绪。母亲看出我的心思，有一天突然问我："丫头，你说什么是美？"我沉默不语。

母亲语重心长地说："穿着漂亮的新衣服固然美，但那只是外表。一个人真正的美是内在的。你身上虽然穿的是旧衣服，但妈妈知道你懂事、善良，学习成绩又好，老师们都非常喜欢你，对不对？在妈妈心里，你就是最美的。"听完妈妈的话，压在我心里的石头消失了，整个人感觉轻松许多，学习也更加努力了。

我上初一那年，家里唯一值钱的一头老黄牛被人偷了。在那个时代，一头老黄牛就是我们一家人的希望。我恨死了那个小偷，母亲伤心地哭了一天一夜，父亲也是异常烦闷。有人劝父亲："别教书了，换个行业，自己做点小生意，好歹比现在挣得多，也省得家人跟着你吃苦受累……"

父亲似乎被说动了，就和母亲商量。记得当时母亲问了父亲一句话："你喜不喜欢教书？"父亲坚定地点了点头："我喜欢和学生在一起，愿意把全部热情投入工作，我乐在其中，可是……"

母亲最终没让父亲改行，但从那以后她每天起早贪黑，骑着自行车去赶集卖东西。父亲工作也更努力了，一张张奖状贴满屋子，抽屉里还有数不清的证书。1992年，父亲由民办教师转正。听到好消息的那一天，一家人特别高兴，父亲还买了两条大鲤鱼，给我买了一朵漂亮的小辫花。

正是因为受到父母的影响，高中毕业后，我毅然选择了师范学校。现在，我也是一名从教20多年的老教师了。工作中有苦有乐、有悲有喜，我都坦然接受，并积极想办法解决各种问题。因为和父亲一样，我热爱这份工作，喜欢和学生在一起，愿意把全部热情投入工作且乐在其中。

（作者工作单位：泊头市实验中学）

家风，爱的传承

◇ 郜冰雪

几年前，我的二舅带着满身伤痛和腿部弹片永远离开了我们，但是他倡导的家风依然在教育、影响着我们，让我们立足社会。

当年14岁的二舅和几个小伙伴一起参军，转战南北，浴血战场。新中国成立后，他又参加了抗美援朝，身上留下了数个弹片和累累枪伤。回国后，他转业进了水泵厂，他说："我的文化程度不高，国家急需生产设备，在水泵厂可以做些实事。"20世纪70年代末，受到冲击的二舅重新回到工作岗位。有人劝他去找组织提条件，二舅却说："当初和我一起当兵的伙伴都把命丢在了战场上，只有我还活着，已经很知足了，现在我又可以出来工作了，很是感恩。"

这就是我的二舅，普通而不平凡。从此，他的知足和感恩就成了我们后辈遵循的家风。知足就不会穷奢极欲，感恩就不会扰乱法纪。

当年，二舅没有转业到家乡河北，因为他清楚，如果转业到离家近的地方，难免会有亲属、朋友托情办事，于情却之不恭，于纪违之不能。家里人知道二舅的心思，在他转业到离休的几十年间，没有一个亲属因为私利找他帮忙。

因为良好家风的熏陶，我的几个表兄妹都很优秀，有的成了恢复高考后的第一届大学生，有的参军入伍继续二舅未竟的事业，有的师范大学毕业后教书育人，用踏实勤奋的工作践行、传承着淳朴的家风。

记得在我上初中时，二舅回乡探亲，得知我正在备考高中，特别勉励我好好学习，将来有所作为。他告诉我，国家好了，我们自身才能好，只有将自己的命运和国家的命运联系在一起，我们才能找到生活的奔头。从此，我更加努力学习，考取了县第一中学。三年后，我实现了大学梦。

毕业后，我被分配到交通系统做公路勘测设计工作，一干就是30多年，"知足、感恩"的家风一直指引着我的工作和生活。

刚毕业那年，初冬时节要进行102国道山海关到冀辽界段一级公路的外业测量工作。当时技术人员很少，技术设备也比较落后，我承担放中线的任务，白天扛着十几公斤重的经纬仪实地放线，晚上整理、计算白天的数据，准备第二天施测需要的新数据，每天都工作到深夜。虽然辛苦，但我感到充实、踏实。30多年间，我参与了秦皇岛市2000多公里的公路勘察设计任务，其中主导的15个测设项目获得了河北省勘察设计一、二等奖。我也成长为设计室主任和公司管理人员。2017年，我被推选为秦皇岛市第十二届党代表。

如今，我的女儿也大学毕业，参与到高速公路的交通养护工作中。她在工作中勤勤恳恳、不怕吃苦、乐于助人，工作的第一年就被评为优秀职工。这让我深深地感悟到：良好的家风是爱的传承，是家庭的基因，愿这种优良家风传播到中华大地，蓬勃于中华大家庭！

（作者工作单位：秦皇岛市公路勘察设计院）

飞行员父亲为我根植的红色基因

◇ 颜鸢逸

我生长在一个温馨幸福的家庭，父亲用实际行动在我心中根植下一颗红色的种子，让我茁壮成长、向阳而生。

我的父亲是一名特级飞行员，1996年8月入伍，安全飞行3800余小时，现任第82集团军某旅参谋长，先后荣立二等功1次、三等功7次。父亲工作繁忙，陪在我身边的时间很少，但总是带给我榜样的力量。

2018年1月11日，我有幸第一次参加了父亲的授奖仪式。看到台上的他一身戎装，身披红色绶带，手捧鲜花，我感到无比骄傲。每次获奖归来，父亲总会教导我："荣誉是对过去努力工作的肯定，更是对未来自己的一种鞭策，要时刻牢记使命，为国效力。"

在父亲的示范引领下，我也学会了担当起自己的使命——勤奋学习，尽好一个学生的本分。每天按时到校，当好早读员；做好班级事务，尽好值日班长的职责。这个学期，我还接受了为初三学长更换"百日倒计时牌"的任务，每天及时更换，风雨无阻。"勿以善小而不为"，事情虽小，却培养了我的责任感。

由于工作原因，父亲跟我聚少离多，但只要有空，他就会陪我锻炼身体。印象最深的是一次在操场上练习长跑，我跑了几圈就累得气喘吁吁，想停下来休息。在旁边陪跑的父亲鼓励我挑战自己、超越自我，并教我如何调整呼吸，摆臂迈腿，陪着我跑了一圈又一圈。那一次，我成功突破了自我极限。休息时，父亲告诉我，要在体育锻炼中享受乐趣、锤炼意志、增强体质。

后来，在很多次单独练习长跑时，每当累到极点，我都会想起那次爸爸对我说的话，鼓励自己坚持不懈。

其实，不仅是父亲，我从母亲身上也学到很多。我的母亲是保定师范附属学校的一名老师，1999年参加工作至今，在教育一线坚守了20余年。她敬业乐业，对工作充满热情，对学生无微不至，在平凡的岗位上做出不平凡的成绩。

母亲身体不好，2015年至2018年做过三次手术，每一次都坚强面对。父亲工作繁忙，家中的重担都落在她一个人身上，她也毫无怨言，默默照顾爷爷奶奶，养育教导我成长，被评为"全军模范军嫂"。

母亲总说："积极的人像太阳，照到哪里哪里亮。"她对工作的尽职尽责，对父亲的宽容理解，对老人的孝顺和善，对家庭的担当付出，点点滴滴浸润着我的品格。从母亲身上，我学会了换位思考、理解他人，学会了与人为善、关爱弱者，学会了笑对挫折，像向日葵一样向阳而生。

（作者系保定师范附属学校学生）

一个普通共产党员

◇ 田 岩

母亲常志芳1942年出生于石家庄市栾城县（今栾城区）的一个农家小院。小时候的她身材高挑，能歌善舞，好学上进，1959年考取了天津纺织工学院，成为全村第一位大学生。

1961年三年自然灾害时期，长期营养不良导致她患病休学一年。病好后，学校暂停招生，母亲也无缘完成学业。回乡后，坚强的母亲没有消沉，积极参加农业建设，跟舅舅学习了一手缝纫功夫，还于1965年加入中国共产党。同时，母亲爱好写作，积极向石家庄日报投稿，成为一名特邀通讯员。

1970年，母亲进入石家庄市邮政局，成为一名光荣的邮政职工。当时的她已经是两个孩子的母亲，但从来没有因年龄偏大而降低对自己的要求，迅速成为生产能手，年年都是先进生产者或三八红旗手。

那时，邮政包裹自动化程度不高，对职工个人业务能力要求很高。母亲经常回家学习业务，给我一本地图册，随便我问一个县，她就能立刻回答出属于哪个省（区、市）。

邮政工作是光荣的，更是艰苦的，那时母亲在包裹科的工作是中班，正常的工作时间是下午4点上班、晚上12点下班。逢年过节包裹特别多，邮政工人绝不会因为到了下班时间而放下手中未完成的工作。很多时候天都亮了，母亲还没回来。那时我常常不解，母亲告诉我，要过年了，很多人因为工作关系不能回家，寄点大枣、花生回家表达心意。邮政工作就是把他们的心意送回家。

父亲当时在省邮政管理局工作，那时候机关人员经常要去下乡支农，与农民同吃同住同劳动，有时一去就是几个月甚至一年。母亲常年上中班，家里只有我和哥哥，经常是十来岁的哥哥做饭给六七岁的我吃。在爸爸妈妈的影响下，哥哥成长为一名优秀的军官，我成为一名大学生，完成了母亲的心愿。

1985年母亲转为工会干部，在新的岗位上，工作依然做得有声有色。退休后，在照顾孙辈之余，母亲积极参与退休职工的文化活动。75岁时，母亲患上了脑白质病变，先是视神经受影响看不清东西。随着病情的加重，她的思想分化成两个世界，无论家人如何努力，也无法把她拖回现实世界中。在她住院期间，我和哥哥每天轮流到医院陪她。两年后，母亲还是耗尽所有精力离开了我们。

母亲如今去世快一年了，她的名字、音容将逐渐被人们淡忘。然而，她要强、上进，为邮政事业贡献了一生，她的优秀品质大大影响了儿子和孙辈。我们记得她，并将其内化于心、外化于行，把她的优秀品质永远传承下去。逝者已矣，唯心永恒。

（作者工作单位：中国邮政集团公司河北省信息技术局）

情系唐尧风云地 红色基因代代传

◇ 魏 萍

尧帝故里唐县是我引以为豪的家乡。我生长在一个有着优良传统的红色家庭。曾祖父1937年入党，在抗日战争中作战英勇。祖父在家中行四，在曾祖父的影响下，很早走上革命道路，新中国成立后担任涞源石棉矿厂厂长等职务，并业余学习了正骨和针灸技术。

祖父爱学习，写得一手好字，还写过不少好文章。他非常关心晚辈的成长，离休后常常给我们讲战争年代的故事，鼓励我们要多学习、努力工作。

在祖父的教育下，父亲19岁就加入中国共产党，成为县经贸委的一名员工。在我的记忆里，父亲曾6次下厂，担任过县水泥厂、县建材厂、县化肥厂书记兼厂长，每次下厂都是临危受命，让企业从濒临破产的边缘到扭亏为盈。

退休后，父亲常告诫我们，要勤奋工作、提升能力，多考虑为国家出力，少计较个人得失。

父亲的勤奋敬业的精神、迎难而上的斗志和一心为公的情怀激励着我，让我在工作、生活中谦虚谨慎、勤勤恳恳。

我是一名普通医生，参加工作以来，一直从事放射工作，1995年被任命为科主任。在祖辈、父辈的影响下，我加入了中国共产党，在工作中努力向上，认真诊断每一个病患。在我和同事的共同努力下，CT室每年都能出色地完成工作任务，没有出现过任何失误，规模也得到发展。

为了使我们安心工作，父母亲还承担起帮我们接送孩子上下学的任务。多年来，在不懈的努力下，我连续获评"先进工作者"，在保定市放射卫生达标工作中被评为先进个人。每当想起自己一点一滴的成长和进步，心中都充满对父母的感激。

家庭的红色基因也深深影响着我的下一代。我的孩子是听着祖辈的故事长大的。他们小时候最快乐的事，就是依偎在曾祖父怀里，听战争年代的故事；围在祖父膝前，接受传统文化的熏陶。女儿刚刚会说话，便从祖父那里学会了"先天下之忧而忧，后天下之乐而乐"。儿子刚刚会走路，便学会了给曾祖父搬板凳、递筷子。现在，我的女儿已经是一名光荣的人民教师，对工作负责，对学生关爱，受到学生的爱戴和家长的尊敬；我的儿子在学校品学兼优，年年受到学校的嘉奖。

我生活在一个幸福的红色家庭，祖辈把对党的无限忠诚和对国家和人民的热爱传递给父辈，父辈又把它们传递给我和我的孩子。这种红色基因深深融入我们几代人的血液。我要接过祖辈、父辈的接力棒，把这种红色基因继续传承下去，为中华民族的富强繁荣和伟大复兴，奉献自己的青春！

（作者工作单位：唐县中医院）

对党最质朴的爱

◇ 刘鑫军

他是9000多万党员中的普通一员,但他的形象在我心中却是无比高大,这个人便是我的岳父,一个81岁高龄、有62年党龄的老党员。

80多年来,岳父一直生活在农村,在故乡这片黑土地上,默默无闻地耕耘着土地、养育着子女。无论多苦多累,他一直未曾丢失心中的梦想,那是一名老党员对党的挚爱!

我和妻子都在农村长大,后来因为上学来到石家庄,在这里成家立业。闲暇时聊天,妻子常和我讲起岳父。岳父十分瘦小,身高不足1.6米,体重不足50公斤。他质朴而亲切的笑容,以及勤恳无怨的劳作身影,时常出现在我的脑海中。最深刻的莫过于他读书看报时的神态,一副老花镜、一本书、一个小凳子,伏在炕边上的柜子旁,专注而安静,任他人来来往往,从未被干扰过。

据妻子讲,她是从小听着岳父的故事长大的。岳父的童年是不幸的。在20世纪40年代那个艰难岁月,他生下来不到一岁,父母就相继离世,靠辗转讨饭艰难度日。直至新中国成立，岳父被送进孤儿院，算是有了临时的"家"，之后被人领养。自此，他结束了颠沛流离的生活。我想这对于岳父是刻骨铭心的，他热爱中国共产党，即是根源于此。

岳父是幸运的，也是聪明的，在新的家庭里，他开始读书识字，后来做了大队会计，之后又做了村支部书记，一干就是24年。他的正直在十里八乡是出了名的，那个年代，担任大队书记没有什么收入，但他根本不在乎这些，老乡们有什么难事都找他解决，人们常说的一句话是："魏书记办事最公正。"

从小学到中学，妻子最深的记忆是：无论谁听说她是魏书记的女儿，都对她特别友好。她知道，那不是因为权力，而是因为人品。岳父退休几十年后，仍有好多人请他再度出任村支书。

多年来，岳父的正直、善良、对党的感恩之情，一直潜移默化地影响和鼓舞着妻子。每年春节，我都要陪她回老家探望岳父母。合家团聚，兄弟姐妹都要陪老母亲打打牌，那个时候，岳父总是安静地坐在角落里，戴上老花镜，专心看书，一坐就是半天。

一次，我很好奇是什么书让他这么着迷，走过去一看，他在看《习近平谈治国理政》，略显破旧的笔记本上写满密密麻麻的笔记。老岳父笑着说："我就是喜欢这些，看着农村的面貌一天天在变好，心里别提多高兴了，现在的好日子要真心感谢中国共产党！"

春节，我们和岳父聊起新年愿望，他说，希望身体健健康康的，因为还有梦想没有实现。我好奇81岁老爷子的梦想，迫不及待问个究竟，他说："想看到乡村振兴，想知道村里的垃圾怎样实现集约化处置……"他的心里装的不仅仅是自己的小家，更有祖国这个大家，这是他对祖国、对党最质朴的爱！这是我们的骄傲，是这个家庭最宝贵的精神财富！

（作者工作单位：河北政法职业学院生态工程系）

红色家风永存我心

◇ 丛晓云

我的父亲是一位老革命军人，18岁参军，先后参与了抗日战争以及三大战役等。10年军旅生涯，锻造了父亲革命军人的气质。复员后的半个世纪里，他始终坚守红色根脉，传承红色基因，使我们这些儿女都受益匪浅。

传承艰苦朴素的家风。很小的时候，就看到父亲腰上系了一条牛皮腰带，可威风了。长大成家后，他还是系着那条旧腰带。我跟父亲说："这条腰带太老了，我给你买条新的吧？"父亲听了连连摆手。原来，这条腰带曾救过父亲的命。在一次战斗中，敌人的一颗子弹正好打在他的腰带上，父亲才保住了性命。他始终把这腰皮带当作自己亲密的战友和伙伴，与它相伴60年，直到生命的尽头。父亲用亲身经历教导我们要保持艰苦朴素的优良传统，我们兄弟姐妹五人自幼都养成了节俭的生活习惯。

传承吃苦耐劳的家风。小时候，我常常拿出

父亲的军功章，让他给我们讲革命年代的故事。父亲尤其喜欢给我们讲在部队的生活，教育我们要吃苦耐劳、艰苦奋斗。

父亲为了养活一大家子人，经常推着一车干柴，到离家25里地的南五十家子去卖钱。我上高中时，父亲也是靠打柴给我交学费。他一辈子勤勤恳恳、任劳任怨，70多岁时还上山砍柴、下地劳动。

传承乐于助人的家风。一年冬天，一个从20里外黑山口来我们村打柴的农民，推着一车柴在我家门前停了下来。太阳已经下山，冷风呼呼地刮，那个农民蹲在地上，脸上直冒汗。父亲看见后把他请进家暖和暖和，还留他吃了一顿饭。那位大伯吃完饭感激不已，说当时自己不太舒服，如果不在我家歇一会儿、吃顿饭，可能就回不去了。

后来，父亲对我们说："谁出门在外都可能遇到难处，帮别人一把，别人就可能过去这道坎儿。"父亲的话我牢牢地记在了心里，也懂得了做人要有一颗善心。

传承教子读书的家风。父亲对我们兄弟姐妹上学都非常支持，没有因为家里穷就让我们辍学。记得二哥上初二时，因为家里穷，总是想着养兔子贴补家用。父亲把二哥一顿教训。父亲说，只是希望我们能成为对国家、对社会有用的人。在父亲的影响下，我们兄弟姐妹5个都是中学毕业，我和大哥成为光荣的人民教师。

父亲有勤俭朴素、吃苦耐劳、善良热情的品性，也懂得严格教育子女。作为革命军人的后代，我在红色家风的耳濡目染下，也懂得了如何做人、如何做事。工作中，我不怕苦、不怕累，不贪图安逸的生活，爱岗敬业。这就是我家的家风，是我最宝贵的精神财富！

（作者工作单位：平泉市小寺沟镇中心小学）

为民家风代代传 奉献家训我弘扬

◇ 张鹏慧子

我是一名六年级学生，最爱听太爷爷给我讲故事。我的太爷爷是一名参加抗美援朝的老兵，出生于1928年，今年已经93岁高龄了。

太爷爷1948年参军，1949年参加了太原战役，1950年朝鲜战争爆发后，太爷爷作为中国人民志愿军，义无反顾奔赴战场，也曾在战役中负过伤。现在太爷爷的手腕处还少一块手腕骨，是在战斗中被炸弹炸掉的。

太爷爷曾作为民兵科技代表，到河北、河南很多地方参加科学研究展示，也曾多次被评为地方先进代表。最让太爷爷骄傲的是，他到北京去参加全国民兵代表表彰大会。毛主席、周总理、朱德等国家领导人，都接见了我太爷爷等许多民兵代表，和我太爷爷握手拍照。那一刻，想必是我太爷爷这一生中最荣耀的时刻吧！

我真真切切地感受到，祖辈通过他们的努力，在一点点改变着我们祖国的命运，使我们过上了幸福的生活！

太爷爷在部队奋勇杀敌，保家卫国，回到家乡后，依旧保持着"退役不褪色"的革命精神。他平时省吃俭用，每年拿出一万元积蓄资助两名宣化一中的贫困学生，如今，两名学生也都考上了自己向往的大学。

2020年的春天与往年不同，我们经历了一场没有硝烟的战争，新型冠状病毒这个可怕的敌人威胁着全国人民乃至全世界人民的生命。太爷爷人在家中，却心系疫情第一线。疫情发生后，他第一时间询问捐款渠道，带着积蓄来到大北街办事处捐款，并叮嘱工作人员在保护好自己的同时，一定要将这5000元钱赶快送到抗疫一线。太爷爷在接受采访时曾说："国家有难，匹夫有责！这是我应该做的。就像当年抗美援朝一样，我义无反顾参加。如今，国家又碰到危难，我年纪大了，也只能做点儿力所能及的事情，尽一点微薄的力量……"太爷爷的话很朴实，也很感人。

太爷爷经常教导我们，长大以后要做对国家有贡献的人，"听老师和国家的话。有爱国的心，捐两块钱也是心意。"

在太爷爷无私无畏的精神感召下，疫情期间，我作为一名小学生，积极响应国家号召，停课不停学，在家里认真学习，积极锻炼身体，充分利用好时间，让自己掌握更多的知识！我还利用网络传播渠道，将自己收集到的防疫知识进行讲解，活泼有趣的风格受到大家的欢迎。我还会尽我所能帮助每一个能帮助的人，希望自己有一天能够成为和太爷爷一样，对国家、对人民有贡献的新时代好少年！

（作者系张家口市桥东区胜利中路小学学生）

传承好家风 做有温度的教师

◇ 尚井仙

我叫尚井仙,是雄县米家务镇米黄庄小学的一名教师。我有着24年的教龄,始终工作在教育第一线,把全部精力倾注在学生身上。

2019年9月的一天,我抱着53份数学作业,在教室门口摔了一跤。当时,右腿完全不能动,只能用左腿吃力地站着,但我坚持上完课,才去医院检查。检查结果显示,右腿半月板撕裂,需要卧床休息一个月。两个年级,110名学生等着我上课,尽管腿疼得走不了路,我还是让爱人开车送我到学校,坚持每天给孩子上课。

我把学校当成家,每天都抽时间打扫教学楼的卫生;给贫困生购买学习用具,关心每个孩子的成长。在我的办公桌里常备着碘伏和红花油,孩子们跑着玩难免磕着碰着,看到孩子们受伤,我都会耐心地给他们擦药、消毒。新冠肺炎疫情肆虐的那段日子,为了防止孩子们荒废时间,我每天都按时开启钉钉视频,和学生连麦讲解知识,甚至在解封的第一时间到学生家里家访，受到家长的肯定。

之所以成为一名人民教师，是受到外祖父的影响，从小立志要为祖国作贡献。我的外祖父自小参加了村里的抗日武装，后来报名参加了八路军，因为胆大心细、作战勇猛，不久就被提拔为供给处司务长、代理连长等。

1941年7月，外祖父随冀中一分区三十二团参加在石家庄市无极县的一次战斗。战况异常激烈，他们同敌人战斗了两天两夜。直到最后的关键时刻，他准备与冲上来的日军同归于尽。战斗结束后查点战场时，战友们才从死人堆里把昏迷不醒的外祖父救出来。部队军医尽力抢救了4天，外祖父才恢复意识，却因为右腿受伤导致行动不便。1950年，外祖父荣获"华北解放纪念章"。退役后，外祖父尽管行动不便，却坚持不要村里一点照顾，以一名普通社员的身份积极参加生产队的各项劳动。

我和爱人坚信"只要人人都献出一点爱，世界将变成美好的人间"，遇到哪个家庭需要帮助从不吝啬，尽力付出，爱心从校内延续到校外。2020年疫情期间，我给五铺村委会捐赠500元现金和500元物资，给黄庄村委会捐赠500元物资，给武汉捐赠200元现金。2021年，疫情的警报再度拉响，我购买了方便面、矿泉水、饮料等日常用品，慰问米黄庄村卡口的值勤人员，以及放弃休假坚守一线的中心校工作人员。

我也十分注重自己孩子的培养，经常让孩子看历史书籍，假期会带着孩子去红色展览馆瞻仰伟人的先进事迹，认识祖国的繁荣昌盛。我的侄女在大学期间积极参与学院和班级以及社团的活动。她说，要和姑姑一起，为人民服务，为国家贡献自己的一份微薄之力，把共产党员的优秀品质带到教育事业中，争做更优秀的教师。

（作者工作单位：雄县米家务镇米黄庄小学）

"赤老头"的初心践行

◇ 杨文志

1985年，生产队解散，村集体所有的牲畜、农机等财产大部分拍卖给个人。村干部要将600多平方米的小学校舍拍卖，父亲站出来阻拦。没能买上校舍的小青年怏怏地说：真是个"赤老头"！

"赤老头"的名字由来已久。

我的父亲叫杨树森，1928年出生在石家庄市鹿泉西杨庄村，8岁即学习《百家姓》《三字经》等。1942年秋，14岁的父亲成为村里第一名共产党员。

父亲曾是西杨庄、段庄、西薛庄"三庄"的"教书先生"。教学内容有语文和算术，都是八路军编写的。学生放学后不敢将课本带回家，怕被日本人发现，每天都要藏在村外北山坡上的墙洞里。那时的父亲利用小学教师的身份，组织学生扛着红缨枪、背着木砍刀，高唱抗日救国歌曲；带领本村及邻村的群众袭扰日寇据点、破拆正太铁路上安段，积极开展敌后斗争。同时，组织群众加入攻打获鹿城、解放石家庄的支前队伍。

父亲开始是南小区（杨庄、段庄、薛庄、谷家峪、胡申铺）支委，负责区内党员的工作。当时党员的身份不便公开，父亲就将区内党员的入党申请书、照片、有关文书等藏在村北山石墙上的石洞里。

1948年，父亲调到土门区，负责区委宣传工作。新中国成立后，父亲先是在城关区当秘书，后又调到财政科。由于工作成绩突出，父亲又被调至北白砂乡任指导员，后担任李村公社副书记。1962年，父亲响应党的号召，毅然决然地回乡支援农村建设。

意莫高于爱民，行莫厚于乐民。在农村，父亲时刻把人民群众放在心里。他用三瓮铜钱和一棵古槐树，换回村里第一台变压器。从此，电灯照亮了我们这个偏僻的小山村。他联系二叔，争取资助，修建了宽阔平缓的进出村大道。他联系侄儿，筹资为村里安装自来水管，使全村吃"旱井水"的日子成为历史……

在父亲的影响下，二叔20岁入党，从获鹿县运输公司经理职位退休，为社会主义建设事业奋斗了一生；三叔18岁报国参军，并且火线入党，复转回乡后，为建设新农村做出突出贡献。

2014年"七一"前夕，鹿泉区委派人慰问抗战时期的老党员，村干部指着父亲说，这就是"赤老头"。80多岁父亲乐呵呵地说："现在成了名副其实的'老头儿'了，不能为党做啥贡献啦，还麻烦组织来看我。"

是的，父亲早就认下了"赤老头"这一绰号，他用自己的一生践行着一名共产党员的赤诚之心，用一颗赤子之心感染、影响、带动着我们全家、全族、全村。

（作者工作单位：石家庄市鹿泉区人民法院）

永远的精神坐标

◇ 梁沛凤

在我8岁的时候,爷爷去世了。渐渐长大的我,从父辈的言传身教中,了解到爷爷跌宕起伏的精彩人生。

爷爷王和锦出生于1931年,自幼失去双亲,被寄养在外婆家。生活的磨难使爷爷早早成熟,14岁就离开家投身革命工作,从此开始了他波澜壮阔的一生。

爷爷在六十五军一九四师担任过排长、副连长、团副参谋长、副团长、团长等职务,在几十载的军旅生涯中经受了锻炼和考验。他经历了解放战争、抗美援朝等,南下保定,北上康庄,西进大同之后又参加了平津战役,解放太原,挺进大西北,解放宁夏,在枪林弹雨中立下了赫赫战功。爷爷于1962年晋升大尉军衔,1988年被授予独立荣誉勋章。

虽然功勋卓著,但爷爷始终认为,"我就是一名普通的战士,愿意把一生献给党和人民!"

廉洁和节俭伴随了爷爷的一生，即便到了晚年也没有丝毫改变，无论处于什么样的环境，始终坚守着一名军人的道德准则，不忘初心和使命。受爷爷的影响，这个道德准则也成为我们一家永恒的精神坐标，一代又一代地传承下去。

爷爷常常挂在嘴边的一句话是：静以修身，俭以养德。反对浪费，崇尚节俭是爷爷毕生的信条。记得小时候，若是吃完饭剩几粒米在碗里，虽然不至于遭受爷爷的大声呵斥，但至少也会有十几分钟的"苦难专题教育"，爷爷能从一粒种子深入讲到它如何成为"盘中餐"的各个细微环节，讲到农民伯伯是如何"面朝黄土背朝天"的辛勤劳作。

我有一个叔叔是爷爷的亲侄子，计划经济年代在村里务农，曾多次找到爷爷，求他找份工作。每一次，爷爷都一口回绝，义正词严地告诉他：我的权力是党和人民给的，也是党和人民对我的信任，绝不会用党和人民给我的权力来谋取私利。要是每一个党员干部都给自家谋利，共产党在老百姓心中还有什么威望呢？经过这件事，再没有一个亲戚敢来找爷爷走后门了。

我的爷爷公私分明，从不以权谋私，但是对我们晚辈呵护备至。特别重视教育，崇尚读书，谁家的孩子家里困难，上不起学，他一定会出手帮助。社会变迁日新月异，他深深感到知识的重要性，常常嘱咐我们要好好读书，将来做有用的人。记得小时候，爷爷每次回老家给我带的小礼物就是图书、文具、纸笔等。爷爷总是希望我通过自身努力，成为有用之才。

良好的家风是一个家庭的精神支柱。爷爷居功不傲、大公无私的高尚品质给我们小一辈做出了很好的榜样，更是我们永远的精神坐标！

（作者系张家口市桥东区第一幼儿园教师）

一粥一歌的家风传承

◇ 王小兰

回想起童年，我觉得，传承一个好的家风和传统，对国家、对社会、对家庭是必不可少的。

我出生于20世纪50年代的一个独生子女家庭，父亲对我要求很严，这缘于父亲的坎坷经历。父亲8岁就跟随他在东北联军抗战的伯父在深山老林打游击，风餐露宿吃尽了苦。12岁时，他的伯父将父亲送到城里的药铺当童工。新中国成立前夕，父亲回到河北唐山老家从事党的地下工作。建国后，父亲又从事政法工作，成为一名人民公仆。

从我懂事起，不管在什么岗位、从事什么工作，父亲始终保持着艰苦朴素的作风，上身总穿一件洗得发白并补满补丁的中山装，只有出席重大会议才换上较新的衣服。他一生都没有改变的习惯就是，喝粥时要将粥碗上的饭粒吃干净。那时，只有小学速成班三年级文化的父亲，不懂用"锄禾日当午，汗滴禾下土"的诗句教育我，而是用自己随伯父吃野菜、饿着肚子与敌军抗战的艰苦经历引导我，让我知道今天的幸福生活来之不易，生活在这么平安、美好的世界应该感谢党、感谢那些为换来这些美好生活而牺牲的烈士。因此，我们没有理由也不能浪费他们的心血。

在我的记忆中，父亲会唱也爱唱的一首歌就是《毛主席的战士最听党的话》。记得我第一次听到父亲唱这首歌是在一个礼堂，他和几个叔叔伯伯站在台上，每个人都是面带庄重，伴随着音乐认真地唱。在我的记忆里，父亲一直就像歌里唱的那样："毛主席的战士最听党的话，哪里需要到哪里去，哪里需要哪儿安家……"

是的，父亲无论在领导岗位，还是在艰苦的农村、工厂，只要是党的需要，他都义无反顾地去做。特别是党的艰苦朴素的作风，走到哪儿都会带到哪儿。

父亲离开我已经11年了，而我回忆起自己的成长过程，每一步都有父亲的影子。从记事起，我从不和别人攀比吃穿，别人家的孩子每年都会添置两件新衣服，而我的衣服经过母亲的缝补修改穿了又穿。特别是长大后，也很少添置新衣服。我参加工作后，一件洗得发白、领子补着补丁的衬衫还穿在身上。

很多朋友和同事很不理解，对我说："你在家是独生女，你爸爸还是领导干部，你怎么还穿得这么破，连条件不如你的人也比你穿得好。"我只笑笑说："能穿就好。"因为父亲总是叮嘱我："生活上不要和别人攀比，工作上要超过别人，因为是人民的公仆，人们都在看着我们，所以，你要严格要求自己，做一个让人尊敬的人。"

这是我成长过程中一直传承的家风，也是我从参加工作到退休这么多年来，无怨无悔奉献的见证。

（作者系开滦集团赵马社区退休干部）

像父亲一样敬业勤奋

◇ 侯亚宁

家是一座精神的殿堂，是一艘满载希望的小舟，是一棵四季常青的大树。可是再温馨、再美好的家，也需要维持，好比殿堂的地基、小舟的风帆、大树的根系，这个维系的枢纽，就是家风。我家的家风，就是热爱劳动、勤劳朴素、踏踏实实。

我的父亲，我都叫他老侯。老侯是一名优秀的老共产党员，勤勤恳恳在一家国企工作了30多年。他是一名高级焊工，十分热爱这个陪伴了他30年的岗位。

拥有多年经验的焊接经验，老侯的技术自然不用说，是维修车间的得力"焊将"，像包箱法、烧注法、内衬法等多种方法，用起来是得心应手。老侯基础知识扎实，总是能以高超的技术出色地完成工作任务，不管多晚，就算是半夜接到厂子电话，也能起身前往现场。多少个早上，我起床发现老侯不在，就知道他又去加班了。有时候会通宵加班，熬得两眼通红，老侯却特别开心，说这是他的工作、他的职责，一定要按时完成。

焊接有时会受伤，被溅到身上的小火花烫伤是常事，老侯身上留下了不少小伤疤。看到这些，我很心疼，但是老侯习以为常，不吭不响，从来没见他抱怨过。问他疼不疼，他都会笑着说，"撸起袖子加油干，对工作不怠慢。"

作为一名老党员，老侯十分敬业，始终把党的"艰苦奋斗踏实干"放在心中、落实到行动上。在上料皮带下料口改造中，他积极创新解决了上料皮带下料口重复焊补的弊端。老侯没有骄傲，纵使经验再丰富，但干起活来仍小心谨慎、认认真真。

小时候，老侯经常对我说："生活是自己的，你选择怎样的生活，就会成就怎样的你；与其抱怨这个世界不美好，不如通过自己的努力，争取更多的美好和幸运。"就这样，我也不再抱怨，成长为像老侯那样的人，学会了不管做什么都不急于回报，播种和收获不在同一个季节，中间隔着一段时间，这个时间叫作坚持，坚持也是一种心态。

老侯积极向上的心态从小就鼓励了我。在厂子里，他积极参加各种活动、比赛，拿了很多奖，凭着自己优秀的工作表现多次被评为优秀共产党员，这是老侯的荣誉，也是对他最好的回报。

我们身边有很多为了国家、为了社会、为了人民而奉献的共产党员，他们的精神让这个社会充满了光，而我的父亲老侯也为社会增添了一份光亮。他平凡而朴实，爱岗敬业，踏踏实实地奉献了30年。这就是我们的家风，无论做什么，都要爱自己的岗，敬自己的业，勤奋踏实，无论工作还是生活，都少不了这份精神。我也要把这份家风传承下去，传给我的下一代。

（作者工作单位：河北金博电梯智能设备有限公司）

关于姥爷的那些事

◇ 赵子尧

翻着那些泛黄的老照片,姥爷讲着他们那个年代的故事,眼睛里泛着光,表情严肃且坚定。小时候对姥爷的忌惮,随着年龄的增长,慢慢变成了敬畏。

我是在姥爷家长大的,是一个天不怕地不怕的小霸王,但我独独怕姥爷。从小就觉得,姥爷和其他人不一样。后来我慢慢明白,姥爷身上的那种严肃,是15年军旅生涯里5000多个日夜形成的观念和习惯,是军人的一身正气,是共产党人的"一心向党"。

老人们都说,我们是最幸福的一代人,吃喝不愁,根本不知道没饭吃的滋味。姥爷常拿着粮票跟我讲,当年每人每月28斤粮食,拿票换粮,那一张薄薄的纸片就是一家人的希望,所以他们更能懂得"粒粒皆辛苦"的道理。

家里有一张老照片,是姥爷和他的战友们在董存瑞烈士陵园拍的,已经很模糊。但拍照的那一天,对姥爷来说是难忘的日子。当时已经准备好打仗，后来因为一些原因取消。姥爷说，当解放军的那些日子，施工打山洞、爆破、投弹、刺杀，时刻准备保卫祖国，那些我们在电视里看到的训练场景，他都一一经历过。姥爷说，当兵是挺苦，但国家还没有安定，一个兵就要扛起一个兵的责任，个人的苦在国家安危面前微不足道！这张照片就是他们对和平的向往，只有受过苦才知道现在的日子有多甜。

在长大的日子里，我慢慢明白，我对姥爷的"畏惧"，来自他的一身正气，铮铮铁骨的军人眼里是容不下沙子的。小时候，他不允许有剩饭，不允许吃饭的时候吧唧嘴、看电视，不允许不按时完成作业，不允许走路的时候弯腰驼背，不允许奇装异服，不允许和父母顶嘴，犯了错就必须道歉，做了错事就一定要负责，家务一定要做，出门一定要有礼貌等，都是姥爷要求我小时候必须做到的事情。

在参加工作前一天，姥爷给我开了一个会。他说，你吃的是国家的饭，兢兢业业是必须要做到的，选择了这份职业，就必须做好，在这个岗位上发挥好自己的作用。姥爷还说，共产党人要有共产党人的模样，你是党员，必须做的比别人多，得到的比别人少，不要怕吃苦，也不要怕受累，所有你做过的事情，都有意义。

这就是我的姥爷，是我认为的，共产党人的模样。

我是解放军的后代，是共产党员的后代，是流淌着红色血液的中华儿女。在姥爷的影响下，我身上也慢慢有了姥爷的样子。那些从他身上继承来的强烈的爱国之情、对待工作的认真严谨、对待事情的是非分明，是他送给我最宝贵的财富，将伴随我的一生、影响我的一生。

（作者工作单位：邯郸市永年区城北实验学校）

后 记

红色家风故事征集宣传展示活动自2021年5月中旬启动，到10月底截稿，河北省文明办会同省委省直工委、省教育厅、省退役军人事务厅、省总工会、团省委、省妇联、省关工委等部门广泛宣传发动，推动各地各单位层层征集红色家风故事，对推荐的作品认真把关，是本书得以面世的最大基础。

本书由河北省文明办牵头组织编写，编委会主任、省委宣传部副部长、省文明办主任吕新斌主持审定了书稿。编委会副主任、省委宣传部一级巡视员、省文明办原专职副主任李秀存多次调度、指导本书编写工作。执行主编、省委宣传部文明创建协调处处长董青显会同编委会各成员认真遴选作品，并带领有关工作人员对书稿多次进行修改完善。

参与本书作品遴选及编写、校修的还有：赵夫、钱梦杰、李树伟、安娜娟、魏安乐、郭亦陶、王佳慧、王亮、杜亚辉、吕锋波、郝永利、张立凯、庞飞、刘淑慧、路岩、张晓，河北教育出版社董素山、汪雅瑛、陈娟等同志，在此，一并表示衷心的感谢。

红色家风故事征集宣传展示活动开展及本书编写过程中，还得到省直新闻媒体的大力支持，在此，我们向河北日报刘冰洋、董琳烨，河北新闻网王东、孙明霞、宋娜、赵冬玉，长城新媒体集团张雅品、吴丽芳、李雪曼等记者同志们表示衷心感谢。

由于水平有限，书中难免有疏漏和不足之处，敬请读者朋友提出宝贵意见。

本书编委会

2022 年 3 月